有效努力

工作中的认知

马兆坡　马　艳◎著

中国财富出版社有限公司

图书在版编目（CIP）数据

有效努力：工作中的认知 / 马兆坡，马艳著．-- 北京：中国财富出版社有限公司，2024. 9. -- ISBN 978 - 7 - 5047 - 8225 - 0

Ⅰ. B848. 4 - 49

中国国家版本馆 CIP 数据核字第 2024JN8427 号

策划编辑	谷秀莉	**责任编辑**	田　超　刘康格	**版权编辑**	李　洋
责任印制	梁　凡	**责任校对**	孙丽丽	**责任发行**	于　宁

出版发行	中国财富出版社有限公司		
社　　址	北京市丰台区南四环西路 188 号 5 区 20 楼	**邮政编码**	100070
电　　话	010 - 52227588 转 2098（发行部）		010 - 52227588 转 321（总编室）
	010 - 52227566（24 小时读者服务）		010 - 52227588 转 305（质检部）
网　　址	http：//www. cfpress. com. cn	**排　　版**	宝蕾元
经　　销	新华书店	**印　　刷**	宝蕾元仁浩（天津）印刷有限公司
书　　号	ISBN 978 - 7 - 5047 - 8225 - 0/B・0579		
开　　本	710mm × 1000mm　1/16	**版　　次**	2024 年 12 月第 1 版
印　　张	15. 75	**印　　次**	2024 年 12 月第 1 次印刷
字　　数	283 千字	**定　　价**	59. 00 元

在调整认知中成长

随着人们对自身内在意识的重视，认知成为普遍关注的话题。人们接受外界信息并进行加工处理，将之转换成内在的心理活动，进而支配自己的行为，这个过程就是信息加工的过程，也就是认知过程。心理学也认为，认知是人们对某一事件的认识和看法，包括对过去事件的评价、对当前事件的解释，以及对未来事件的预期。

认知可以影响人的身心健康，引导人的行为抉择。著名社会心理学家费斯汀格曾说：生活中的10%是由发生在你身上的事情决定的，另外的90%则由你对所发生的事情如何反应决定。瑞士心理学家荣格也认为：是我们看待事物的方式而不是事物本身如何决定着一切。这在一定程度上说明认知对于结果的重要性。大量实践表明，除了必要的专业能力，一个人工作中的收获，取决于对工作的态度、看问题的角度、认识的高度以及思维的广度等认知因素。

中华传统文化博大精深，是修身养性的宝贵资源，是保持正确认知的重要参照。阳明心学是中国传统文化中的精华，“心即理”“知行合一”“事上练”“致良知”等哲学思想，对于做人做事具有很好的指导作用。阳明先生说：“知者行之始，行者知之成。”职场是一个认识自己、发挥自己、成就自己的过程，做事先做人，在具体的工作实践中，应把提升认知和修身做事结合起来，最大限度地让主观符合客观、认知接近良知，让身心言行与工作要求相统一、与社会发展相符合、与周围环境相协调，逐步接近并达到知行一体、内外统一、知至至之、知终终之的境界。

认知是不断发展变化的，每个人都会受到外界不同因素的影响，同时又在不断丰富、充实自己。今天形成的观念，明天可能有所改变，过去的成功经验，将来也不一定可以借鉴，在调整认知中成长，不断“升级”意识系统，是职场人的必修之路。“横看成岭侧成峰，远近高低各不同。不识庐山真面目，只缘身在此山中。”“山近月远觉月小，便道此山大于月。若有人眼大如天，当见山高月更阔。”宋代大文豪苏轼和明代思想家王阳明的诗，道尽了认知个体性和客观性的关系，为认识世界和调整自己提供了新的视角。正如阳明先生所说，“道”没有具体的形态，所以不能执着，若是拘泥于文字意思去探求，就会差得太远。只有从自己内心出发而不过于外求，才能有所收获。

本书定位于工作认知层面的微成长，汇集了日常工作中的所见、所闻、所感，从想做事、学做事、共好事、管好事、做成事五个方面，进行了一些浅显的思考，希望能够给身在职场的朋友一点借鉴。鉴于能力和认知水平有限，难免存在以偏概全的地方，不当之处，敬请读者朋友们指正。

作　者

2024 年 6 月

目录

001 CHAPTER 1 想做事

049 CHAPTER 2 学做事

099 CHAPTER 3 共好事

147 CHAPTER 4 管好事

想做事

种树者必培其根，
种德者必养其心。

——《传习录》

大家都在努力着

上级组织选拔人才，选拔名额少，报考人数多，竞争非常激烈，结果成绩公布后，单位几名同事进入考察范围，这让大家感到既惊且喜。一个单位能够同时有几个人入围，既展现了良好的队伍素质，也说明同事们平时都在下功夫，努力超越昨天的自己。

有一段时间，坚持参加继续教育学习，感到非常有收获，无论知识结构还是文化素养都有了很大提升，遂自觉欣喜，结果与他人交流发现，周围的人也都在用不同的途径、不同的方法学习，大家都在不断进步，各方面的能力都在发生着新变化、新提升。

工作中也是这样，有时为了解决难题，想了很多办法，动了很多脑筋，终于拿出了一个觉得可行的方案，当自我感觉良好地与同事讨论时，同事们常常提出很多更好的建议。

后来和一些不常见面的朋友交流，又发现更多的“努力”榜样：有的业余学习外语20多年，其外语水平已经到和中文一样运用自如的程度；有的临摹书法字帖，已几近乱真……这才发现，与他人相比较，自己所做的只是小小的努力，所收获的也只是一点皮毛。古人说“山外有山，人外有人”“三人行，必有我师焉”，真是太有道理了！苏格拉底说：“我比别人知道得多的，不过是我知道自己的无知。”有时静下心来一想，自己就下了这么点功夫，尚处于半瓶水容易晃荡的情况，这时候真不该沾沾自喜，而应该好好沉淀一番，继而为自己的浮躁和无知感到羞愧。

“为学大病在好名”“……名与实对，务实之心重一分，则务名之心轻一分”。反思自己是一种能力，也是一种良知。贪求虚名是学习进步的大敌。“善学者，假人之长以补其短。”身在职场，只有深刻认识到学习的重要性，深刻理解努力的必要性，在应用中学习，向身边的同事学习，不断努力，才能更好地适应工作的需要，从容应对各种纷繁复杂的事务。

《劝学》中说：“故木受绳则直，金就砺则利，君子博学而日参省乎己，则知明而行无过矣。故不登高山，不知天之高也；不临深溪，不知地之厚也。”这几句话对我们努力学习有着很好的教育作用。时代在不断发展，大家都在不断学习，都在做契合自己的努力，持续学习才是适应人生发展的必经之路。

有时候想，人生的这点意思，其实就在自己能够掌控的那点时间里，在自己喜欢的那点事上。把该做的工作做好，把自己的兴趣玩好，再增加一些适应环境的应变力，留点自己值得骄傲的东西，这样的生活才能有意思。

阳明先生说：“人不用功，莫不自以为已知为学，只循而行之是矣。殊不知私欲日生，如地上尘，一日不扫便又有一层。着实用功，便见道无终穷，愈探愈深，必使精白无一毫不彻方可。”学无止境，持续学习是一种生存需求，也是端正工作态度的重要方法。

快乐地工作

小区门口有个摩托车修理店，已经开了20多年。老板经常穿着一身油腻的工装，不停地忙碌着，一天到晚乐呵呵，这种快乐的工作状态，成为路边的一道风景，也给身边人带来对生活的憧憬。

快乐是身心放松的标志，也是保持健康的重要因素。快乐工作是每个职场人追求的目标，怎么才能快乐地工作？相信每个人都有各自不同的体会。有研究认为，要做到快乐工作，态度、责任和能力是三个非常重要的因素，态度决定方向，责任增强效果，能力提升效率，这三个方面相辅相成。态度是基础，责任是关键，能力是保证，三者共同奠定了快乐工作的基石。

一、要有积极辩证的思想态度

思想是总开关，对待工作态度的不同，必然会产生不同的效果。态度积极工作就会积极主动，遇有难题就会千方百计想办法解决，能感受到工作过程中的乐趣，也会领悟到取得成绩的喜悦；相反，态度消极就会把工作当作负担，遇到问题自然也就很少主动去想办法解决，也就很难做出更多的成绩。

工作态度是自己选择的，想做与不想做，想不想积极去做，结果会相差很远。对待工作的态度在很大程度上就是一种精神状态，单纯的积极态度并不能够保证长久，快乐工作还需要有辩证的思维。每个人都渴望得到相应的工作回报，这无可厚非。然而，正确对待成败荣辱，坦然面对进退去留，是一种修养，也是一种境界。如果不能选择自己喜欢的职业，也可以在最初不喜欢的工作中来一场自我修行，或许干着干着就喜欢上了呢。

二、要有担当作为的责任意识

责任就是自己分内的事。美国作家爱默生曾经说：“责任心具有至高无上的价值，它是一种伟大的品格，在所有价值中它处于最高的位置。”责任是工作动力，某种程度上讲，责任胜于能力，能力可以让人胜任工作，责任却可以让人创造奇迹。没有做不好的工作，只有不负责任的人。为单位的发展积极建言是一种负责，认真做好本职工作也是一种负责。工作岗位本身就是一种责任，无论哪个岗位，都有相应的责任，岗位有大小，责任无轻重。每个人都要立足自己的岗位，履行好自己应尽的职责，做到在其位谋其政、司其职尽其责。

三、要有持续提升的工作能力

提升能力是职场人永恒的主题。首先是业务能力。打铁先要自身硬，扎实的业务功底是胜任工作的基础。每项工作都有其专业要求，要把时间精力放在钻研业务上，经常对工作进行总结反思，在成效中积累经验，从失败中汲取教训，不断提升自己，努力成为行家里手。其次是执行能力。工作之道，贵在执行，一打纲领也不如一个实际行动，作为工作人员，最主要的任务就是抓好落实，养成立说立行的好习惯，一项一项抓出成效。最后是沟通能力。沟通在管理中就如同人的血脉，沟通不畅就会使血管堵塞。有效的沟通有利于工作的良性运行，能让工作的各个环节实现最佳配合。有效沟通，可以争取上级最直接的指导、同级最广泛的支持、部门最积极的配合。

“常快活，便是功夫。”心是快乐的根本，快乐其实来自每个人的心态，从心上下功夫，常看好的一面，方方面面都会快乐。工作中的快乐是人生价值的重要组成部分，树立乐观积极的态度，找到主动工作的动力，提升应对事务的能力，做足快乐工作的功夫。

阳明先生说：“乐是心之本体，虽不同于七情之乐，而亦不外于七情之乐。虽则圣贤别有真乐，而亦常人之所同有，但常人有之而不自知，反自求许多忧苦，自加迷弃。虽在忧苦迷弃之中，而此乐又未尝不存，但一念开明，反身而诚，则即此而在矣。”心本来是快乐的，只要认真内省，回归真诚本性，快乐无时不在。学会享受工作的乐趣，在工作中体验快乐，也是知行合一。

让工作有意义

转眼参加工作已经30多年了，回想半生已过，职业生涯即将结束，不免有些感慨：工作是人生的一个重要组成部分，如何认识看待工作的价值、意义，影响着职场人的生活质量和感觉。

毕淑敏说过，人生是没有意义的，但我们每个人都要为自己确立一个意义。工作也是如此，为自己的工作赋予相匹配的价值和意义，为工作找个“不累”的理由，让工作成为一种充实的、良性的循环，才有可能发自内心地喜欢工作，愿意诚心诚意地为工作付出。不断赋予工作新的意义，在工作中找到自己的位置和价值，就能找到为之不断努力的动力。

一份稳定的工作会让我们有相对稳定的收入、相对稳定的生活保障，以及一定的生活品质，这是工作对一个人来说最实在的意义。我们都要时时记住这样一点：正确认识自己的付出和收入的匹配度，才会更懂得知足和感恩，工作起来才会更安心和踏实。

工作是实现个人价值的平台。每天的工作任务能够让人有做事的目标和方向，个人所学所长在工作中有了用武之地。每个人都需要一个平台和定位，才能实现自己的价值，正是因为有了工作，为了更好地完成工作、适应工作，我们不断学习、提升，从而发挥更大的价值。这是一个正向循环。工作让人不断追求个人发展和进步，不断磨炼心性、开阔眼界。好好把握、珍惜工作机会，用心领会工作价值，自觉自发地为工作需要提升自我，是每个职场人应该认真践行的课题，这也是一种知行合一。

工作的意义根植于内心的良知。工作的意义要靠自己去寻找，需要一点点去感悟，不断积累，内化于心。一个普通工人可能只需要熟练掌握手头上的工作技能，而达到工匠水平则需要达到工作中的心流状态。有沉浸与投入，有愉悦感和获得感，有达到目标后的成就感，才能从内心感知工作的意义。

工作的意义是自己定义的。选择一项工作，就要从中寻找闪光的东西，把智慧、能力、热情与工作紧密结合起来，融为一体，从工作中找到激情、发现乐趣。没有毫无意义的工作，找到工作的意义，去做自己认为有意义的事吧！

阳明先生说："吾心之良知，即所谓天理也，致吾心良知之天理于事事物物，则事事物物皆得其理矣。"在具体事务中找到道理和意义，才能方向明确，做事明白。良知是做事的标准，在工作中不断致良知，让工作变得更有意义，能让自己的人生更加充实。

往前一小步

有次参加一个研讨活动，各项工作看起来都准备得很好，在会议即将开始入座时却发现座位和桌面都比较脏，瞬间印象大打折扣。后来了解到原因是负责打扫卫生的工作人员请假了。不由得感叹，即使大部分工作都做好了，差一小步也会功亏一篑！

工作中既不能到位又不能及时补位的问题时常发生。比如，常常有人关键时刻掉链子，特别是在遇到困难的时候退缩，可能是在衡量值不值得干到位，或者分析工作属不属于自己……用心用力不够，在最后一步停止不前，达不到预期效果。无论是不到位还是不补位，其实都是工作中担当精神缺失的表现。

所谓担当，通俗地说，就是遇到事情的时候不逃避、不推托，在责任范围内往前迈上一步、多做一点。人生在世，有多种责任，工作中有工作责任，家庭中有家庭责任，在社会中有多少角色就会有多少责任。责任是应尽的基本义务，责任的表现形式是担当，有担当才能落实好责任。

担当不仅体现在一些大是大非面前，更多地体现在日常工作中，大部分时候都体现在一点一滴的琐碎小事里。比如，几个人在一间办公室里办公，有的人经常为大家提开水、打扫卫生，这不仅是勤快，也是一种担当；有的人在做好自己负责的某项工作的同时，还会身体力行地做一些职责之外的活；有的人把看起来很烦琐的事情，办理得一丝不苟、很有条理；有的人对领导安排的工作很少推托，关键时候总能顶上……这些都是担当。这些担当有一个共同的特点，那就是在紧要关头，在别人没想到或者不愿意干的时候，能够站出来，往前迈一步。从这一方面讲，担当就是不计较，可干可不干的事情多干一点，对单位有利的事情毫无怨言地去承担。正是因为这些小小的担当，单位整体工作才会运行有序、平稳顺利。

各行各业中都有类似的表现，救死扶伤是医生的责任。一位叫特鲁多的医生，把“偶尔去治愈，常常去帮助，总是在抚慰”当作自己的行医标准，为医生这个职业赋予了更为深远的意义。在救死扶伤的责任面前，给病人以鼓励和温暖，这是医生最应该延伸的职责，也是医生最好的担当。延伸开来，各种行业都是如此，职责只是规定了岗位最基本的责任，只有用心付出才能弥补其不足，只有担当作为才能取得最佳的效果。

担当不是那么容易的事情，担当需要价值观念上的认同。有人说，利益仅是所有事情的一部分。这句话很有道理，特别是在工作中，要树立正确的义利观，把工作价值置于个人利益之上。为责任和理想而努力奋斗，工作和个人才有更多的价值，生活才有更多的意义。

俗话说："事不避难、义不逃责。"做好工作，既要有出于内心的诚意，也要有落实责任的担当，特别是那些责任不清的工作，应主动去承担。"天下事，在局外呐喊议论，总是无益，必须躬身入局、挺膺负责，乃有成事之可冀。"在同一个行业，谁多做一点发展机遇就偏向谁。多想一层，多做一步，往往是最终胜出、成就目标的关键。一个单位，如果多一些人这样想、这样做，力量就越大，效果就越好，单位就会始终充满积极向上的氛围。

工作越干越会干，工作越干越能干。前者容易理解，后者只能自己体会。实践中，还真就是那么回事。工作能不能干好，往往不在于能力大小，而在于人的本心，这是需要努力强化和坚守的。

阳明先生说："凡作事不能谋始，与有轻忽苟且之弊者，亦皆致知之心未能诚一，亦是见得良知未透彻。若见得透彻，即体面事势中，莫非良知之妙用。"理解担当的意义，学着担当，想着担当，往前一小步，该出手时就出手，就是很好的知行合一。

眼里要有活

临近下班，突然接到一项紧急工作，需要立即布置，大家赶忙商定方案，准备第一时间通知、落实。匆匆忙忙确定了方案，正打算分派人草拟通知等的时候，一位同事拿出已经草拟好的通知和需要接收的名单，任务很快传达到了责任部门和人员，为推进工作节省了时间。原来在我们商量方案的时候，那位同事就同步开始了准备工作。

眼里有活，是老百姓常说的一句话，意思是人要能看出活路来，把活干在前面。仔细想想，老一辈人可不就是一年四季总要找点事干，即使是在寒冬腊月，地里没有农活了，也得在家里收拾一些家务活。有时候是打扫整理，有时候是修修补补，有时候是为来年准备农具等，总之，每天都计划得满满的，很少有闲时候。

在农事上，眼里有活，就能种好庄稼；在工作中，眼里有活，就能干好工作。隔行如隔山，但是隔行不隔理，道理都是相通的。

眼里有活，一方面是人的主观意识，指的是有积极主动性，善于主动思考，能够看出事物规律，从而为将来做出相应的准备。另一方面也是一种悟性，每个人都想眼里有活，都希望能做到眼里有活。这种悟性很多时候是干出来的、总结出来的。眼里有活的人，首先要肯于在当下的事上下功夫，在做好当下工作的同时，善于用心，勤于琢磨，自然就能够发现其中的经验和规律，然后预判下一步的工作方向和可能任务，提前做好应对，大大提高工作效率。预先打好了基础，有了着力点，就能够事半功倍。这个理儿，就是孟子所说的“良知”“良能”，就是阳明先生所说的“致良知”。

眼里有活，体现的是一个人的综合素质，眼里有活不是想做就能做到的事，是要有一定基础的，这种基础源于积极的心态、持续地学习、反复地思考、不断地总结和践行。只有学思悟行，反复尝试，不断感悟，才能逐步做到知行合一。正如阳明先生所感慨的：“哑子吃苦瓜，与你说不得。你要知此苦，还须你自吃。”眼里有活不是那么简单的事儿，工作中眼里没有活的情况很多，比如，领导不安排就不知道该干什么，安排了不手把手教就不知道怎么干，安排了也教会了但学一样只会干一样，不会主动找活干，更不会举一反三。

日常生活中，需要眼里有活；工作岗位上，更需要眼里有活。机遇往往隐藏在困难和挑战的背后，有活干就有压力，愿意干，愿意去努力干到最好，才能成长提升。常言道，机遇总是留给有准备的人。一个单位，眼里有活的人，被培养和重用的机会就相应多些。

阳明先生说："盖天地万物与人原是一体，其发窍之最精处，是人心一点灵明。"人的良知与天地万物是一体的，不断开阔认知，付诸实际行动，做到内外相融，就会逐步成为眼里有活的人。

向着优秀去努力

同事连续5年参加司法考试，终于通过了，我们都为他感到高兴。这么多年来，他一直坚持学习，各方面都取得了很大的进步，通过司法考试，仅是其中的收获之一。

成为一个优秀的人或许是每个人都希望达到的目标，但是，在实现这个目标的过程中却有着一些不确定因素。通过学习《教条示龙场诸生》，我感到优秀并不是高不可攀的，只要按照圣人之言去想、去做、去努力，那成为一个越来越优秀的人是自然而然水到渠成的事情。

《教条示龙场诸生》是阳明先生龙场悟道后总结出来的，其内容可概括为立志、勤学、改过、责善四个方面，这八个字，寄托了先生的良苦用心。这几个字读起来通俗易懂，做到却很难，如果只停留在表面认识上，被动地践行，那就是被立志、被勤学、被改过、被责善。没有达到“知”的程度，也就不会有“行”的自觉，只能是事倍功半。只有从思想上深刻认识到这八个字的重要性，才能将之转变为行动上的自觉，这对人们的成长进步大有益处。

一、立志

阳明先生认为：“志不立，如无舵之舟，无衔之马，漂荡奔逸，终亦何所底乎?”志向是高于目标的方向，体现了人的格局，决定了人们所能达到的高度。然而，志向和安逸常常伴随而生，随着时间的推移，梦想消退了颜色，甚至丧失了追求，以至于“年与时驰，意与日去，遂成枯落”。只有不断提升境界修养，持续激发内生动力，坚定自己的志向，才能保持稳定的方向。阳明先生从小立志做圣人，时刻以圣人的标准要求自己，从圣人的视角看待事情，最终悟出了圣人之道。我们要学习阳明先生的高远志向，特别是在工作中，要经常思考立志的内涵，赋予工作更高的意义，不断提升境界情怀，在本职工作范围内做更多有价值的贡献，让个人理想与工作实际更加贴合。

二、勤学

从古至今，学习的重要性被普遍认同。当今时代，知识飞速更新，应用快速创新，观念不断革新，唯有勤于向学，才能更好地适应时代发展。勤学的好处不言而喻，宋人汪洙在《勤学》一诗中说“学向勤中得”，优秀多由后天努力获得。如果说古代先贤强调勤学是为了提升境界，那么处在飞速发展时代的我们，更需要勤学，除了应建立勤于学习的习惯，还应强化终身学习理念。学习费神费力，不是轻易能够做到的，勤奋学习更需要毅力和耐性。阳明先生说：“凡学之不勤，必其志之尚未笃也。”由此可见，勤学要建立在坚定志向的基础上，只有明确了自己的方向，才有可能勤于学习。“从吾游者，不以聪慧警捷为高，而以勤确谦抑为上。”“聪慧警捷”是一种暂态，“勤确谦抑”则是一种持久的本性，因此要做到勤学，就必须提高内在素养，深厚知行合一的根基。

三、改过

每个人都有缺点和不足，在修正错误中前行是迈向优秀的可行方式。阳明先生说：“夫过者，自大贤所不免，然不害其卒为大贤者，为其能改也。故不贵于无过，而贵于能改过。”曾国藩被誉为“凡人之魂”，他是从平凡走向圣贤的代表之一，在改过方面下足了功夫，可谓把改过当作每天的必修课——耽误了读书要检讨，动了色心要检讨，脾气暴躁要检讨，言不由衷要检讨……据说，他将每天所思所想都写在日记里，以便反复提醒自己要克制。能克己，方能成己。“悔悟是去病之药，然以改之为贵。若留滞于中，则又因药发病。”改过也要适度，工作中，我们要把改过当作提升自己的有力武器，及时总结自己的不足之处，认真加以改进，既不迁怒，又不贰过，在修正言行中不断精进。

四、责善

如何看待别人的缺点，如何对待出现的失误，是经常遇到的问题，也是沟通协调中最需要注意的问题。把握好尺度，问题可能迎刃而解；不注意方法，直截了当地批评或者指出不足，多数情况下会适得其反，还可能引发新问题。古人说：“与人善言，暖于布帛；伤人之言，深于矛戟。”劝人是门艺术，让别人变好，让事情纠正，先要使自己心正。阳明先生对此提出了责善的方法：“责善，朋友之道，然须忠告而善道之。悉其忠爱，致其婉曲，使彼闻之而可从，绎之而可改，有所感而无所怒，乃为善耳。”这句话道出了责善的核心：劝解别人要出于诚意，只有用别人能够接受的方法，才能达到善的效果。责善不是说假话，也不是委曲求全，自己心正意诚，才能更好地释放善意，在工作中、生活中，按照这样的认知去不断实践，就会有所收获，持续提升。

《论语》里说：“君子务本，本立而道生。”立志、勤学、改过、责善是人生实践的基本手段，关键还在于“务本”，无论是学习阶段还是工作阶段，都需要在“本”上下功夫，这样才能达到“修其本而末自应”的效果。

阳明先生说：“真知即所以为行，不行不足谓之知。”优秀不是一天练成的，而是一个逐步践行的过程。一颗良好的种子，不断吸收营养，经历风吹雨打，顽强不屈，韧性生长，才能成长成材，做人也一样。

态度是前提

参加一个先进典型事迹报告会，听完之后感触颇深：这几个先进人物，不论成就大小，在什么岗位，都有一个共同点，那就是都有一个美好的初心和端正的工作态度。

人的一生，很多的收获都源于自己的态度。在一件事情、一份工作上下了多少功夫，投入了多少精力，一般就会有多少收获。好的态度是做好工作的前提，“想做好”的初心是进步的基石和动力。

关于态度与成效的关系，有一个流传较广的经典故事：两个一同入职的同事，甲受到老板器重，乙心里很不服气。一次，老板专门给他俩布置了同样的任务，去购买一件指定商品。乙去了，没有买到，回来给老板如实汇报，任务没能完成。甲去了，也没有买到，回来详细汇报了原因，同时提交了可行性替代方案。相比之下，高低立现，乙输得心服口服。抛开个人能力区别，这个故事还说明了一个问题，甲乙两人工作成效不同的一个重要原因，取决于对待工作的态度不同。甲之所以被重视，是因为有主动想办法克服困难、解决问题的积极态度，乙则缺少了这一点。这种对待工作不同的态度，导致了用心用力程度的深浅，日积月累就形成了工作成效和个人进步上的差距。

每个人都希望有一技之长，期待在某一领域里有所成就。现实中，很多岗位的技能要求并不是高精尖，我们只要多动一点心思，多花一点时间，往往就能够较好地完成工作，甚至达到非常熟练、得心应手的程度。但是，现实中能把工作做到极致的人却只是少数，同样一份工作，同样的工作时间，同样的工作强度，有的人觉得乏味，耐不住枯燥，疲于应付，浮于表面，以致碌碌无为，荒废了人生；有的人则心态沉稳，勤恳务实，任劳任怨，始终如一，进而干出心得、提炼出经验、升华为智慧，甚至成为普通岗位上的专家。

有一个普遍的说法：“选择比努力更重要，但如果不努力，特别是不经过一定努力的积累，压根就没有选择的余地。”这句话有一定的道理，多数人没有那么好的运气，一开始就遇上自己满意的工作，这时，可行的态度就是先试着去喜欢手头的工作，也许做着做着，这份工作就成了真正喜欢的工作。做得越多越深入，才能知道自己是否擅长或喜欢。眼高手低是常有的思维习惯，卖油翁的故事几乎每个人都耳熟能详，其中的深意都懂，但不是所有人都能用心去践行。做事态度不正，知行不在一处，就无法达到极致。

刚开始走上工作岗位的时候，多数人是不知道自己的喜好或擅长的，也并不确定自己适合哪些岗位。只有慢慢熟悉了手头工作，或者经过了多个岗位的锻炼之后，才知道自己适合干什么、喜欢干什么。很多时候，人们往往是因为更加熟悉或者擅长什么，才变得喜欢什么。要想知道自己擅长什么、喜欢什么，首先得塌下心来认真地去干，只有踏踏实实干了才会有真正的体会、认识。“日趋于和平而大会于中正，斯乃圣贤之德之归矣。”简单的事情重复做就是专家，重复的事情用心做就是赢家，用心的事情坚持做就是大家。其实，机遇一直藏在每个人的内心深处，这就是工作态度的效用。

态度在很大程度上决定了人的出路，也决定了做事能够到达的高度。“志骄于业泰，体逸于时安。”人这一辈子，走什么样的工作道路，会有怎样的人生轨迹，其实都与初始的工作态度有关，它就决定了人们前进的方向和人生所能到达的高度。为一份工作付出了多少心血、投入了多少热情，往往就能有多少收益和成长进步，而这又是获得更好的岗位和工作的前提。任何一份工作，长年累月地做下来，都会变得枯燥乏味。面对事务不断的工作，能够做到心流状态的毕竟是少数。但是，不管遇到了多大的困难，受了多大的委屈，都应该始终以认真负责的态度来对待工作。这是一种做人的品质，也是做好工作的格局。

古人说：“万事以心为本，未有心至而力不能至者。”心力是一个人的核心力量，真正的强大，是内心的接纳和坚定。优秀的人往往拥有自我成长的潜质，那些对待工作始终有认真态度和饱满热情的人，具有自我成长的能力，也终将成为一个团队中的精英，成为社会进步和单位发展的推动者。

阳明先生说：“破山中贼易，破心中贼难。”“须用伐去此树，纤根勿留，方可种植嘉种。不然，任汝耕耘培壅，只是滋养得此根。”态度来源于本心，态度决定了前行的方向，只有战胜自己内心的敌人，才能真正健康成长。对一份工作保持应有的正念，坚守初心使命，踏踏实实做事，追求更加优秀的自己，对职业生涯规划来说非常有意义。

心态很重要

偶然谈到工作心态话题，大家不约而同地说起身边几个心态好的同事。这几个同事，虽然性格特点各有不同，但有一个共同点，那就是平时工作积极主动、任劳任怨，很少听到他们推托或抱怨工作，不仅良好的工作心态得到了大家一致肯定，也因业务出色成了各自所在部门的业务骨干。

这几位同事，刚参加工作时并没看出明显的特长或突出优势，只是工作踏实认真，落实任务时很少讲条件、提要求，始终保持着对本职工作的热情。短短几年过去，他们都成了单位不可或缺的骨干力量。态度的本质是心性，心态则是一种禀赋，其实也是一种能力，好的工作心态，是职场人成长进步的好助力。

心态积极是做好工作的根本，但是持久地保持好心态却不容易。把握不好心态这个度，无论是工作还是生活，都有可能为情绪所左右。每个人都可能在工作中遇到挫折，都可能陷入职业发展的低谷，以致忍不住发牢骚来排解压力。这种情况不可避免，但一旦养成抱怨的习惯，内心形成抱怨的思维模式，就容易影响对工作的责任感和使命感，就不容易体会到工作过程中的快乐和幸福，进而影响工作的质量、效率，以及自身的成长。

抱怨是最严重的内耗，不但会让人丧失斗志，而且可能混淆是非，影响自己的工作信心。奥地利小说家茨威格说过："机会看见抱怨者就会远远避开。"喜欢抱怨的人在这个遵循强者法则的世界中是没有立足之地的。抱怨会限制人的思维，让人的视野变得狭窄，把自己局限在抱怨本身上，而不能努力地去适应变化、解决问题。但若以积极主动的心态工作，就会从中找到解决方法，工作就会做得更出色。学会在问题中看到客观积极的一面，是一种能力和悟性。

及时发觉自己的情绪，回归客观理性的思维，是需要经常提醒自己的内容。"知命者不怨天，知己者不怨人。"面对不利的环境或者困境，应当把困顿当作对自己的一种磨砺。与其牢骚抱怨，不如多问自己能做些什么。少抱怨，多行动，才是走出困境的正确方法。古人说，君子亦怨，不误其事。大事大考，小事小考，所有的委屈都是对自己的考验。

多数人在工作之初，都能够做到珍惜岗位，时间长了就容易浮躁，初心难以为继。如何避免这个问题，平衡好心态，是修身养性的必要内容。

工作是职场人心性的历练之地，工作中的困难和问题，其实就是难得的磨炼机会。用心工作，就是在工作中磨炼心境，提升灵魂层次，光明良知。改变自己很难，需要不断反思磨砺，边做边悟。“持志如心痛，一心在痛上，安有功夫说闲话、管闲事?”只是不够全神贯注、全力以赴。为什么有时会三心二意?外界干扰只是诱因，心不够定，志不够坚，无法专注于事，才是根本。做事和修身是一回事儿，大丈夫处其实，不居其华，按照良知要求去行事，正心诚意，务实踏实，才能做到知行合一。

阳明先生说：“天下事不能尽如人意……大抵心病愈则身病亦自易去。”工作中的问题多数不是外部力量造成的，心态是工作的“稳定器”，内心安定才能行稳致远。

工作在平时

上级临时检查一项工作，事先没有给通知。检查组在查看现场、听汇报，以及检查资料等后，对单位的工作非常满意。没有刻意准备，却能经得起突击检查，说明工作平时做得就很扎实。

工作中，常有平时松松垮垮，紧要关头再突击准备的现象，特别是一些程序性的工作。把工作做在平时，该做的工作及时去做，是做好工作的重要认知。

把工作做在平时，不是说一说那么简单的事儿，每个岗位都有不同的要求，要想保持好的成效，必须有一定的长效机制，需要有一定的保障措施，责任人和落实者都要知行合一。

一、做好任务分解，责任具体到人

一个部门的日常工作职能基本是固定的，应将工作内容做类别或项目分解，确定具体的责任人，确保每个人都有任务，每项任务都目标清晰、职责明确、有完成时限和进度设定，每个人都清楚自己的任务目标，以便各自掌握好时间节点。同时，还需要定期梳理任务，及时做出必要的调整，预留机动任务所需的时间和人力，避免出现应对不及时的情况。就拿综合服务部门来说，工作任务繁杂琐碎，这个部门就像一个筐子，凡是没有明确落实到部门的任务，都要放进来，所以综合服务部门要根据实际情况，随时进行任务调整，确保工作任务不漏项，处理起来规范有序。

二、突出重点目标，盯紧时间节点

每个部门在不同时期都有不同的任务，工作职责虽然基本固定，但阶段性工作重点可能会发生变化。一般来讲，考核指标、上级要求、阶段任务就是部门工作的重点。特别是部门负责人，要把主要精力放在重点工作内容上，紧盯重要目标不放松，时刻做到心中有数。同时，要做好督促落实工作，制定好工作时间表、任务路线图，建好工作台账，明确各项任务的完成节点，把握好工作动态，这样才能取得好的持续落实效果。

三、及时沟通交流，互相学习借鉴

工作的目的不仅仅是完成目标任务，更重要的是不断探索好的工作方法。工作做得好，除了下的功夫大，还需要有一定的智慧。挖掘这些智慧，总结这些做法，形成可复制、可借鉴的工作经验，可以更好地提升工作质效，这也是工作的一项重要内容。工作告一段落后，还要定期组织沟通交流会，互通工作进度和收获，分享经验和做法，互相学习、借鉴，从而为更好地开展下一阶段工作打好基础。遇到困难环节，也可以开展头脑风暴，利用大家的智慧，互相帮助，相互促进，共同推动计划目标的实现。

阳明先生说："某尝说知是行的主意，行是知的功夫。知是行之始，行是知之成，若会得时只说一个知已自有行在，只说一个行已自有知在。"把每一个平时都当作关键时刻，做在平时，抓在平时，坚持下去，持之以恒地要求自己，将之当作一种行动自觉，就是很好的知行合一。

功夫下在日常

为了顺利完成年度考核，单位实行工作推进制度，每月调度进度，通报排名情况，进行对比评价，较好地提升了工作质效。大家普遍认为，这项制度抓住了工作要点，把功夫下在了日常，避免了年终搞突击，对提升考核质效有重要作用。

当前，各行各业工作任务越来越重，考核要求也越来越高，工作不断加码，人力成本也越来越高，要想保证工作顺利推进，就要在日常工作中下足功夫，平时把工作做好、做到位，不留空白、死角，确保运行良好。

一、把功夫下在日常，事先要做好科学规划

“磨刀不误砍柴工”“凡事预则立，不预则废”，说的都是这个道理。在做好规划的前提下，还得做好任务分解和职责分工。一个部门的职能，多数是相对固定的，虽然会有一些应急任务或临时性工作，但是多数情况下这些都是可以预判和归类的。建立必要的机制和流程，按照员工能力和特长，为其做合理的分工，既有各自主责的任务，也要兼顾协作配合，明确职责，就会各自努力。

二、把功夫下在日常，要掌握必要的方法

特别是综合部门，任务繁杂琐碎，更要想办法提质增效。

一是要注重目标导向，突出工作重点。一般来讲，年初制订的计划、确立的阶段性任务、上级确定的考核指标，就是部门的工作重点。部门负责人在做好日常工作的同时，要把精力向重点倾斜，紧盯目标，确保进度，做到心中有数。对重点指标、重点任务，要定期调度、督促、落实，做好台账，定好时限，把握好时间节点和工作动态。抓住关键，突出重点，才能顺利推进，确保如期完成。

二是要拉出任务清单，分个轻重缓急。任务清单法就是把一个阶段或一天

的工作，不分大小逐项拉出清单，然后把所有任务分为重要紧急、重要不紧急、紧急不重要、不紧急不重要四类。具体行动起来遵循一定的原则，一般先干重要紧急的，再干紧急不重要的，此外，还要为重要不紧急的预留出准备时间。必要的时候，可以舍弃或者让人代劳紧急不重要和不重要不紧急的。拉好任务清单有利于专注当下，有效缓解工作压力，且不容易遗漏重要内容。

三是坚持定期回顾，抓好落实推进。对照每天的任务清单，下班前看看完成情况，顺便制订第二天的工作计划。之后是周计划、月计划、季目标、年目标、短期规划、长期规划，等等。及时回顾，定期总结，适当调整，确保重点突出、目标明确，按计划落实推进。

三、把功夫下在日常，要不断动脑筋、想办法

所有能够提高效率、提升质量的事项都可以创新。工作的目标不仅是完成任务，还包括找到更好的工作方法。工作做得好，除了多下功夫，还需要有一定的智慧。总结平时的经验做法，激发创新工作的思路，不断改善措施、优化方法，也应该是各部门工作的重要内容。工作任务的完成只是告一段落，一项任务完成后，互相分享工作中的灵感和收获，为他人提供借鉴，为将来提供思路，能推动团队更好地发展、更好地提高工作效能。

四、把功夫下在日常，要有一定的奉献意识

不是所有的工作都按部就班，很多时候工作需要加班完成，尤其是一些公职单位或特殊行业。比如，医疗服务单位，就诊随时有需求，病情处理不完，加班是常态。从事文字工作的也常常这样。要想把平时工作做好，很多岗位都需要加班，所以奉献意识是职场人的基本素质。

五、把功夫下在日常，要学会留白

尽量不把日程全部填满，要留出机动时间来应对突发状况和紧急任务。有些工作能如期完成，有些则可能和预想的不一样，只有学会留白，才能有机会调整计划。偶尔的留白也是为了给后续的工作积蓄能量，避免过度疲劳。

六、把功夫下在日常，要具备很多素质

比如，岗位技能、团队协作能力、良好的沟通能力，等等。有句话说得

好，人生拼的是综合实力，工作靠的是日常功夫。功夫下在日常，落实抓在平时，脚踏实地做好手头的每件事，才能取得个人的持续成长、事业的不断进步。

阳明先生说：“学问之途，非一日之功，亦非一蹴而就。”做好工作，从每一天开始，脚踏实地，下足功夫，持之以恒，日积月累，就会有好的成效。

工作有方向

经常听到周围的人说起工作方向的话题，很多人说自己习惯于服从安排，领导让干什么就干什么，对于自己能主动做点什么，没有认真思考过。

工作其实是一个理解要求、落实任务的过程，普遍观点认为，工作中有自己的思路非常重要，也有人认为，确定方向是管理层的职责，不是普通员工应该考虑的。其实，每个职场人都可以在总体工作要求下，把握和强化自己可控的因素，让内在的价值与外在要求一致，保持好适合自己的工作发展方向。

目标决定发展方向，要带着目标工作。无论是从个人成长角度还是从工作角度来说，人们都需要有一定的目标。有目标才能有思路、有计划，才能把工作做得更好。缺少目标，没有追求，工作起来就容易动力不足，遇到问题就容易不去主动想办法，而是懒懒散散、得过且过。在工作中要多思考与目标相关的问题，例如，单位的工作目标是什么？部门的工作目标是什么？个人的目标是什么？怎样将个人目标与部门目标、单位目标统一起来？不仅要在工作上有目标，在学习上、自身规划上也要有目标，要围绕目标提前做好准备，及时补齐短板、发挥特长，以便于更好地胜任工作。

良知是人们先天具有的判断是非和善恶的能力，是指导人们做事的标准，所以要带着良知工作。工作中需要良知，人的良知与生俱来，因学习而丰富，更需要在实践中锻炼、在事件上磨炼。职责只是规定了岗位基本的责任，无法涵盖所有的要求，只有诚心诚意地去做，按照良知的指引去深化工作的内涵和外延，才能把工作做到极致。在工作中致良知，既要有发自内心的诚意，也要有抓好落实的担当，特别是对那些职责不清的工作，主动去承担，就是实实在在的致良知。很多时候，改变不了固有的规则和环境，但可以保持自己清醒的头脑，顺应良知，坚定自己的方向。

激情是发自内心的积极状态，是做好工作的动力，我们都要带着激情工作。也许有人说，每天都做同样的工作，固定的模式，太枯燥了。其实，工作的落实凝结着我们在每一项事务中的劳动量，我们只要按照工作要求和事物规律一步步努力，每付出一分劳动，距离结果就近了一步，不厌其烦地重复，就是通向成功的路径。不少人做了一些工作，也付出了一定努力，却因为缺乏持久的激情，半途而废。有时候，努力和目标实现之间，只有一步之遥。古人说："路愈远，人愈少，境愈奇。"说的就是这个道理。有了激情，工作起来就有用不完的劲儿，就能够走得更远、更高。

信仰是人们在实践中对自然界和社会客观真理的极度相信和尊重，带着信仰工作，是共同做好工作的指南。信仰的力量是巨大的，不管经历了多少艰难困苦，付出了多少心血，只要心中有信仰，努力起来就有劲头，心理就会得到平衡。怀有信仰，生活无论贫穷富贵，都会觉得有乐趣；怀着信仰，工作无论遇到顺境逆境，都有坚持下去的力量。信仰的价值高于财富、高于享受、高于生命，这是历史对信仰的诠释。带着信仰去工作，就能消除单纯的功利主义思想，就会有源源不断的干劲，就会把更多精力投入工作。

阳明先生说："为学须得个头脑，功夫方有着落。纵未能无间，如舟之有舵，一提便醒。"工作如同做学问，必须有自己的方向，方向明确，目标清晰，才能让功夫下的精准有力。

保持好状态

有段时间，感觉身心慵懒，早晨不想去上班，工作起来也没有劲头。仔细想来，每隔一段时间，就会有这样的感受。面对循环往复的工作和生活，感觉不到新意，确实会产生倦怠情绪，从而引发情绪上和身体上的疲惫反应。

这种周期性的身心疲惫，几乎每个人都会遇到，多数人也能找到调节的方法，很快走出来。但是，这种状态如果持续时间长，就会影响到工作关系、生活关系、家庭关系，甚至让人们产生抑郁情绪，进而影响人们的身体健康。古人说："凡人做事，最不可有倦气，终日终岁而操作焉，则必厌，厌则必倦，倦则万事堕落矣。"因此，我们需要及时觉察这种状态，一旦出现，应主动想办法，尽早调整。

首先要尽力保持好身体状态。多数时候，好状态来源于好身体，身体能量足的时候，抗压能力强，状态基本没有问题。保持健康是自己应负的责任，保持工作状态首要在于保持好身体状态，这是一种自律。每个人都要找到适合自己的强身健体的办法，根据自己的情况努力调节和平衡，干什么都要保持好度，让身体始终处于最佳状态。

要正确接纳和认知身心疲乏期。多数人的生活都是琐碎而机械重复的，每天单位、家庭两点一线，柴米油盐酱醋茶，如果不去发现闪光点、创造兴趣点，很容易感到索然无味。人生的道路不可能一直阳光灿烂，工作或生活的路途中，有时候会停滞不前，有时候会退步滞后，有一些颓丧感和挫败感，需要停下来休整，这些都是人生常态，是生活对我们的考验，也是找到更好成长之路的契机。走出疲惫期有很多种方法，每次去尝试去调整的过程，都是在走向更好的自己。

如果这个时期工作任务相对轻松，那读书是克服浮躁的好方法。比起刷视频、追剧，看书是最能让人静下来的方式。选择几本想看又没看过的书籍，强迫自己看上几段，哪怕只能静下来一小会儿，往往也会有新的收获。《大学》里说“静而后能安”，心静了，也就心安了，倦怠也就消失了。

可以去找一两个知心好友，或者去请教一个自认为能指点迷津的师长，与之沟通交流自己的状态和想法，看看他（她）遇到此类问题会怎么想、怎么做，多数时候会收获很多启发，甚至会意外获得前所未有的激情，激发更多的前进动力。

在自己业务领域里，可以借此机会做一个拓展学习。读一些工作需要的专业书，系统地学一些业务知识，把平时遇到的技术性难题找出来，看看能不能找到解决的方法。对一个领域的熟知度和擅长程度，往往可以激发再学习、再提升的兴趣和动力。沉下心来学习新知识，开阔新思路，那一定会收获满满的成就感。

如果时间和精力允许，也可以给自己放个假，来一次旅行，去一个想去的地方，做一件一直以来想做的事，去吃想吃的美食，去看想看的风景，哪怕仅是感受沿途的旅程，也会有不一样的收获。还可以去学一种乐器，去做一项运动，去参加一项文体活动，感受一下“众方嚣然，我独渊默，中心融融，自有真乐”的境界，这些都是不错的选择。

整理扫除也是很好的途径。把身边的卫生彻底打扫一遍，把多余的用品清理掉，为手头工作拉一个清单，一下子就会感觉清爽很多。或者，下班回家做点家务，做一顿可口的饭菜，陪家人聊聊天，享受家庭温暖的氛围，也有利于增强生活信心。

还可以培养一种兴趣爱好，从职业规划的角度把业余爱好与职业发展有效结合起来，这样对工作多了一些期待，也是对身心很好的弥补和改善。

很赞同这样一种说法：世上没有绝对称心如意的工作。一个人工作经历越多，对工作的偏见就会越小，工作不是非黑即白，真正有情怀的人，会体会到每个岗位的辛苦和快乐，理解每份工作的不同要求。多走几个部门，多干几个岗位，就会更能换位思考，更容易接纳工作与生活中的平淡和困乏。工作和生活一直是循环往复的，关键是如何看待，开阔心胸，自强不息，事上磨炼，是保持状态的有效武器。

人生如行船，状态如帆，顺风顺水时扬帆起航，逆风逆水时调整方向，职业道路才能一路向前。一个单位好比一条船，每一名职工的状态都会影响航行方向和速度，只有每个人都保持好的工作状态，才能形成最佳的工作合力，才能保证集体这条大船行稳致远。让员工保持好的状态，也是一个单位需要重视和调节的工作内容。

阳明先生说："天下事虽万变，吾所以应之不出乎喜怒哀乐四者，此为为学之要，而为政亦在其中矣。"在瞬息万变的事务工作中，及时调控好自己的情绪，保持积极稳定的工作状态，坚持做好该做的事情，是职场人必须修炼和提升的要务。

干多干少不一样

参加绩效考核讨论会，有人说：在单位干多干少一个样，干好干孬一个样，干好看不出来有什么好处，不干也没看出来有什么坏处。

职场是个相互协作的地方，缺少好的考评机制，必然带来不平衡。如果拼搏奉献得不到相应的激励、慵懒散漫也看不出来应有的惩罚，那一定会影响员工工作的积极性。一套好的考评机制，必须能达到干多干少不一样、干好干坏有评价、干与不干有奖惩的效果。然而，考评机制也不是万能的，不可能做到绝对的公平。撇开管理机制不谈，从认知的角度理解，从长远的观点来看，干多干少也确实不一样。

一、工作的心态决定职场的位置

“二八定律”和“三分之一现象”等在很多单位都存在。好的管理机制，就是奖励干的、督促看的、惩罚懒的。好多单位都有绩效考核制度，一定程度上体现了按劳分配、多劳多得的原则。然而，很多工作难以量化，很难有一个定性的考核，所以从面上看干多干少区别不大。因此，有人说，有些部门的工作，“链条理论”无效，起决定作用的是“帐篷理论”，即成效取决于中间支撑的柱子，少数踏实肯干的人决定了帐篷的高度和容积。对职场人来说，工作心态至关重要，心态决定了能够达到的高度，也影响着其所处的职场定位。心态端正，积极肯干，就有可能进入前面的三分之一。只有做好别人不愿意做的事，才能取得别人做不到的成功。

二、干得多学到的就多

任何一个单位，任何一个岗位，都有专业技能要求。要想全面掌握一个岗位的技能，需要一定的时间，更需要一定量的积累，只有达到熟练、专业的程度，才能实现质的变化，这就是所谓的“多干才能多学，多学才能多能”，对于新入职人员来说更是如此。只有亲身经历过、亲自干过，才能积累成经验。拈轻怕重、偷奸耍滑的人，一般掌握不到核心技能。没有一定专业知识技能，就无法胜任更高一级的工作。有人总结说：要想做出多大的事，先要看自己能吃多少苦，能受多大累。这句话颇有道理。从一定意义上讲，正是因为懒人的存在，勤快人才有了更多的机会，才有了发挥的舞台。

三、干得多收获就多

古人说，学一艺，通一路；担一责，成一信；立一事，懂一规。从收获的角度看，工作不全是给别人干的，更多的是给自己干的，所有在工作中付出的努力、经历，都会变成自己的资本，很多工作表面上看是给单位干的，是为集体付出的，实际上收获最大的还是自己。古人说：“饱食终日，无所用心，难矣哉！不有博弈者乎？为之，犹贤乎已！”所谓的“天上掉馅饼”，总有一定的原因。多静下心来，想想馅饼落在了哪些地方，落在了哪些人身上，为什么会落在这些人身上，就能想明白干得多获益多的道理。

《吕氏春秋》中说，优秀的农民，勤勤恳恳种庄稼，未必能有收获，然而有收获的，一定首先是这些人。也许在短时间内现有的考核评价方式体现不出来多干的好处，但是从长远的角度看，多干一定是收获最多的。工作中的付出，会逐渐汇聚成无形的品格、无形的声誉，与本人紧紧联系在一起，这些全靠平时的付出与积累。或许有人能够举出干多干少一个样的很多例子，不可否认，这种现象肯定有，但不会是常态，不劳而获的只能是一时的巧利。

俗话说：只要是正干，没有不翘头的。干好干孬真的不一样，干多干少也不一样。工作中，遇到职责不清的事，有人认为和自己没有关系，就撇得干干净净；有的人却愿意主动承担，及时补位。这种工作作风上的差别，领导、同事都看在眼里，也会记在心里，每个人心里都有一杆秤，关键时刻一定能分出来孰好孰坏。曾国藩说：“唯天下之至诚能胜天下之至伪，唯天下之至拙能胜天下之至巧。”任何付出都会有回报，不必局限于眼前的利益，不要轻易放弃多干的坚持，只要坚持下去，总有守得云开之日。

阳明先生说：“功夫难处，全在格物致知上。此即诚意之事。意既诚，大段心亦自正，身亦自修。”最难的功夫就在于踏踏实实去做。肯带着诚意去做事，就一定会实现自己的人生价值，也会得到属于自己的机遇。

善待自己的工作

谈起孩子的就业问题，一下子引起大家共鸣，大家都觉得各有各的不易。有的说，孩子想考公务员，几十个人里选一个，竞争压力太大；有的说，现在在企业工作也没那么容易，要么离家太远，要么薪酬太低；有的说，能选择的岗位太少了，实在不行只能想法自己去创业了……

年轻人进入社会的第一步就是工作，有了工作才觉得踏实。工作是发挥才华的舞台，是养家糊口的经济来源，是沟通外界的桥梁。多数人一生的重要时段都在工作中度过，从这个角度看，每个人都应该珍惜岗位、善待工作。

工作也如同围城，里面的人想出来，外面的人想进去。即使是普遍觉得工作条件好的部门，也是这样，里面的人觉得没有意思，外面的人很向往。人就是这样，再好的事情也会习以为常。就是在同一个单位，在综合部门干累了也会觉得业务口轻松，在业务部门干厌了也会觉得综合口自在。除非在岗位上找到自身价值，爱上岗位，否则，就会不断地这山望着那山高，觉得别的单位、别的岗位好，始终追求得不到的东西，心中时常有不平和遗憾。这是普遍存在的人性问题。

如何才能善待工作、珍惜工作？阳明先生说，“夫物理不外于吾心，外吾心而求物理，无物理矣”，意思是事物的道理并不在自己的心外，向外求是没有用的，根本道理还是要从内心去寻找。想想工作给了我们什么？我们为工作付出了什么？拥有这份工作是什么样？没有这份工作会怎么样？简简单单的几个问题，立刻就能让人明白应该怎么对待工作。明白了这个道理，不断拓展自己的认知，才能趋于知行合一。

所谓对工作的热爱，大多是因为坚持而产生的热爱。认真对待工作的每一项任务、每一个环节，付出应有的努力，做到最好的成效，不断从工作成效中获得自我认同感，就会产生更大的价值感，从而激发对工作的情感。你会发现，自己越是诚心投入，就会越喜欢；越喜欢，就会越投入。这是一个正向循环，但是开启这个正向循环的第一步，就是无条件投入，而不是还没有多少付出就急着想要得到结果。工作如同培养孩子，需要慢慢来。很多人不能从事自己想从事的工作，有的缺少必要条件，有的没有合适的机遇。爱好和职业有时相去甚远，如果暂时不喜欢，那就努力让自己喜欢，真心对待工作、对待岗位职责，就一定会有相应的回报。

特别是基层单位，人员编制少，职责门类多，选择的机会就更少。有的同事在单位的各个岗位都干过，有的同事在一个岗位一干就是很多年。某个岗位看起来枯燥乏味，但有的人身处其中却自得其乐。一个人的爱好也会转变，坚持去做一件事情，很可能会慢慢喜欢上，而那些曾经特别想去追求的岗位，真干上了可能也未必那么喜欢。

有人说：工作需要持续不懈的努力，今天想干这明天想干那，可能时间就这样荒废了。这句话有一定的道理，人的时间和精力是有限的，认定一件事情并扎扎实实地干下去，才有可能在一件事上出成绩。事实上，每个人所拥有的都是多年奋斗得来的，那些暂时不属于我们的，可能是因为我们的条件还不够，或者时机还没有到，现在拥有的才是最应该珍惜的，善待眼前人、眼前事，才不会失去。

阳明先生说："学问也要点化，但不如自家解化者，自一了百当。不然，亦点化许多不得。"认准的事情持续付出，当前的工作认真对待，善待当下的工作就是致良知。

主动去作为

单位进行内设机构改革，职能进行了调整，有的部门业务缩减了大半，本以为会有不小的影响，谁知运行一年后，这个部门的工作依然出色，做出了不少创新亮点，为单位赢得了荣誉。事在人为，大部门有大作为，小部门也能有所作为，只要看重自己，积极履职，主动作为，每项工作都能做出好成绩。

没有一成不变的事物，也没有永恒不变的职业。随着形势的发展变化，一些单位的职能发生了改变。机遇与挑战往往并存。在新的形势和任务面前，如何更好地发挥作用，为单位增光添彩，是每个部门、每个职工都应该思考的问题。

《大学》里说："物有本末，事有始终。知所先后，则近道矣。"任何事情都有根本和枝节，任何事情都要人去作为。可以说职位职能和事业有一定的联系，职位职能为施展才能提供了更大的舞台，但不能说没有职位职能就没有施展才能的机会。同时，职务和事业又是不同性质的东西，职务是一种责任，事业是一种贡献。道理浅显易懂，关键在于如何看待自己的工作，如何确立好自己的定位，找到恰当的结合点，在自己的岗位上施展才华、成就事业。

当前存在这样一种观点：给了想要的平台，满足了自己的想法，才能有积极性，才能发挥好作用；工作职能窄，或者自己不满意，就无法施展才能，做不出像样的成绩。这种观点有一定的现实道理，也非常实际。干好工作需要一定的基础条件，但是也并不是基础条件好就一定能够干好工作，在现有条件下更好地发挥作用是常态思维。不同的岗位，不同的人，从不同的角度能够做出不同的成绩，这是被证明了的道理。在自己的岗位上多想办法，多做尝试，发挥好职能，就能知行合一。

主动作为难在主动，重在作为。主动是内心的开关，这个开关打开了，行为也就通畅了。因此，我们需要从丰富认知开始，多做一些学习和思考，提升工作境界，让自己视野更开阔，工作更投入。《干法》中说，要想度过一个充实的人生，只有两种选择：一种是"从事自己喜欢的工作"，另一种是"让自己喜欢上工作”。能够碰上自己喜欢的工作的概率很小，与其寻找自己喜欢的工作，不如让自己喜欢上已有的工作，从这里开始。一个最基本的常识是，如果所做的是喜欢的事情，那做再多往往也不觉得辛苦，做喜欢的工作能让人愉悦，达到人们常说的心流状态。

工作是人干出来的，工作也成就了人的发展。个人与工作相辅相成，一荣俱荣，集体形象好，个人越自豪，个人有作为，集体越发展。这是一个正向促进的过程，责任意识、集体意识不可少，只有树立这样的观念，才能自发自觉地做出贡献。只要心中有责，即使职能有限，也依然可以做出自己的贡献。看重岗位是干好工作的基础，只要重视职责，全身心投入工作，小岗位也有可能做出大成绩。

阳明先生说：“君子之学，何尝离去事为而废论说？但其从事于事为论说者，要皆知行合一之功，正所以致其本心之良知；而非若世之徒事口耳谈说以为知者，分知行为两事，而果有节目先后之可言也。”很多时候，被私心蒙蔽，过于看重外在条件的影响，就会束缚手脚，限制能力的发挥。如果能时时听从内心良知的指引，守住本心、务于实务，积极作为，主动作为，就会有所作为。

不负工作韶华

经常看到或听到一句话："哪有什么岁月静好，只不过是有人在替我们负重前行。"仔细揣摩，感觉意味深长。突然回想起近日在单位看到的几件小事，觉得非常契合：

1月9日，星期六，上午9时，单位值班电话出现故障，技术人员很快赶到，进行现场检修，中午前排除故障，保障了正常使用；

1月10日，星期天，上午10时许，办公室工作人员接市里紧急通知，全员加班落实院内疫情防控措施，及时备好防疫消毒用品；

1月11日，星期一，下午1时许外出联系工作的同事才回单位，午饭还没有来得及吃；

1月12日上午，去一个单位参观，接待人员对我们非常热情，说接待学习就是对他们最好的检验，也是相互学习的好机会……

对每个单位来说，这些只是发生在平常工作中的一件件小事，可能每天都会重复出现，小到自己往往不以为意。正是这点点滴滴的小小付出、无私奉献，汇聚成了单位员工的厚重情怀，折射出忠诚履职的工作大爱，推动着我们向着更高、更远坚定前行。

当我们享受岁月静好时，你有没有想过，此时此刻，有多少人正在为此付出？也许是值守的边疆战士，也许是随时出险的消防救援人员，也许是无影灯下的白衣天使……有句话说得好，人生旅途中，有很多事情自己无法把握，但是也有很多事情需要自己把握。作为一名工作人员，能够把握需要把握的唯有一条，一心一意把工作干好。相信一句话，一个人如果热爱生活，就从热爱工作开始。一个人如果热爱祖国，就从干好工作开始。

要珍惜每一个工作机会，用心去做好每一件事。无论是微不足道的琐事，还是举足轻重的重任，我们都应该倾注热情与专注，做到精益求精。只有这样，才能不负韶华，在工作中不断取得进步，实现自我价值。

工作中，难免会遇到各种困难和挫折，我们要有勇于担当的精神，正是这些挑战让我们不断成长。面对困难，我们要敢于迎难而上，勇于承担责任，用智慧和勇气解决问题。这样的经历不仅能让我们变得更加成熟，也能让我们工作起来更加得心应手。

在这个日新月异的时代，知识更新迅速，技能需求不断变化，我们要时刻保持谦虚好学的态度，拥有一颗学习的心，不断充实自己，提升自己的能力。只有这样，才能跟上时代的步伐，始终在工作中立于不败之地。

阳明先生说："世之君子惟务致其良知，则自能公是非，同好恶，视人犹己，视国犹家，而以天地万物为一体，求天下无治，不可得矣。"岁月如梭，光阴似箭。在这充满挑战与机遇的时代，每一个人都在为生活、为梦想而努力拼搏。只有不断挥洒汗水，积累经验，致己良知，才能不负这美好韶华，让人生在奋斗中绽放光彩。

培养阳光心态

每有新进人员，在岗前交流座谈时，我总会不厌其烦地唠叨几句，“心态”一词必定放在首位。因为做好工作，阳光心态是第一位的。

在工作和生活中，每个人都不可避免地会面临压力、困惑和困难。解决问题的关键在于一个好的心态，以什么样的心态、从什么样的角度去认识和解决问题，决定着事情的发展方向。以积极的心态去面对，困难和困惑就会迎刃而解。以消极的心态去对待，只能是难上加难，无从下手，甚至引发负面连锁反应，原来的困难还没解决又产生了新问题。

参加在职培训，几乎每次都有阳光心态方面的课程，给我留下最深印象的一句话是：压力因人而起，也会因人而去。心态是做好工作的总开关，只有做人积极，才能做事用力。但是，说归说，做归做，说和做有时难以合一。我们需要不断学习、调节自我，从内心树立这种意识，才能逐步培养出阳光心态。

心态的改变来源于对事情认知观念的变化。阳明先生说“凡处得有善有未善，及有困顿失次之患者，皆是牵于毁誉得丧，不能实致其良知耳”，意思是说处理事情时会出现时好时坏以及困顿失序的情况，这都是被毁誉得失的心所连累，不能实际地获得他的良知。处理事情顾此失彼，经常受到困扰，除去工作、生活忙碌，根本原因还是阳明先生说的那样，得失之心太重，只想要好的结果，恐惧得到坏的结果，蒙蔽了自己本来能平和应对的心，不能够平心静气。

如果能专注于解决问题本身，抛却对功利得失的顾虑，心态就会完全不一样。认知的变化带动的是心态的转变，心态好了就可以跳出问题解决问题，跳出困惑解决困惑，问题就不再是问题，困惑也就不再是困惑了。有句话说得好：生活中的阳光，一部分来自太阳，还有一部分来自我们的内心，以阳光的心态面对生活，生活就会充满阳光。

阳明先生说：“心正则中，身修则和。”良好的、积极的心态是做好工作的保障，也应该是职工教育培训的必修课。

成长的内在力量

同事在上级举办的业务竞赛中取得了优异成绩，当选为省级专家型人才，为单位争得了荣誉。回想起来同事各方面的表现，感到有一种内在的力量在推动他前进，可能这就是成长必备的素质吧，有了这种素质，成才就是一种必然。

一、工作选择有主见

同事参加工作以来，先后在多个部门工作，了解整个单位工作后，觉得有个岗位适合自己，就主动申请去了相应部门，一直在这个岗位耕耘：平时潜心钻研本职业务，认真总结心得体会，典型经验多次被上级单位采用、转发。

二、落实工作很用心

在工作过程中，这位同事认真对待经手的每项工作，经手即负全责，出手即精品，体现了很强的匠心品质。有一次，单位有一项讲解任务，临时让这位同事承担，由于时间紧，第二天就得上场，他晚上一个人加班练习，边演练边反复琢磨，再根据实际情况反复修改，直到自己满意为止。

三、平时肯下苦功夫

记得有次他承担了为业务科室人员培训授课的任务，为了备好课，他在准备环节下了非常大的功夫，收集了很多资料，准备了大量素材，做了精心准备。这使他的课程不但课件内容丰富、案例翔实，而且思路清晰，诠释得准确、全面，大家听得明明白白，学习效果非常好。

四、听取建议能入心

对前辈提出的好建议，他善于学习、倾听，遇到问题主动请教，是实实在在的真信真学。记得有一次，单位召开工作经验交流会，几位老前辈分别谈了一些自己的心得体会，这位同事不仅主动请教当时没听懂的问题，事后还专门写了学习体会，可见是真正用了心。能虚心吸取别人的经验，将其借鉴、转化为自己的技能，是进步提高的一个捷径。

五、关键时候顶得上

不管是工作需要，还是公事外派，该同事每一次都能服从安排，“说走就走”。每个人都有家事，都有家人需要照顾，可贵的是他每次都能够想办法克服困难，想方设法把工作任务落实好。在工作需要的时候，能够统筹好精力平衡好家庭，保证工作的执行力，关键时刻顶得上，也是必要的工作能力。

阳明先生说：“人之气质清浊粹驳，有中人以上、中人以下，其于道有生知安行、学知利行，其下者必须人一己百、人十己千，及其成功则一。”每个人的基础条件不同，成长路径也不相同。接受本来的自己，发挥好内在的成长力量，做更优秀的自己，是职场人努力的方向。

小事不拖延

人们常把今天该做的事拖到明天，经常觉得事情不大又不急着赶工期，拖两天也无妨，结果，拖着拖着，不急的事也变成了急事，小事积压成了大事，甚至耽误事。

小事拖延，也会带来很多麻烦。比如，拖延中遗忘了一句对家人的承诺，可能造成家庭矛盾和误解，造成家人对自己的不信任。

小事积压，也会引发焦虑不安。翻看年轻时的日记，发现那时候有许多美好的想法，很多想做、该做的事都没有做。成长的路上，搁置了好多梦想和人生规划，留下了诸多遗憾。这一切都源于当时美好的想法没有及时付诸实施。惰性是人人都有、时时都有的，越是小事越容易被忽视、被拖延，很多想法有时候并不难实现，人们缺少的往往是行动力。

一个行动胜过很多纸上计划，做出改变和行动需要真正改变认知。意识到小事立即办的重要性，再从小事不拖延的改变中得到好处，不断强化这种认知，付诸行动也就成了习惯和自觉。

古人说："力贵突，智贵卒。得之同则速为上，胜之同则湿为下。"这句话的意思是：用力贵在突发，用智贵在敏捷。同样的获得速度，快的为优，同样的战胜对手，拖延时间的为劣。工作中，快就是大局，干就是担当。不管是有事立即办还是小事不拖延，立即行动就是最好的开始。不要非等到条件完备，也不必非苛求完美，只有开始去做，才有可能做成，只有着手去干，才能知道能不能干成，只要开始了，事情就一定会向着预期的目标发展。

工作和生活中，重要的不在于想了多少，而在于践行了多少，能把多少想法真正变成现实。很多事需要立即去做，特别是一些看似微不足道的小事，今天能做今天就去做，养成这样的认知和习惯，有助于提高工作效率，也是做好工作和过好生活的重要认知。

阳明先生说："今人却就将知行分作两件去做，以为必先知了然后能行，我如今且去讲习讨论做知的功夫，待知得真了方去做行的功夫，故遂终身不行，亦遂终身不知。此不是小病痛，其来已非一日矣。某今说个知行合一，正是对病的药。”知行合一本意就是立即付诸实践，从能做到的事开始，在小事上不拖延。及时迈出第一步，就是知行合一。

尽量靠前坐

经常有这样的现象，不管是培训还是开会，只要不指定座位，往往都是后面快坐满了，前几排还空着，最后总得有人来安排，整个会场座次才看着协调一些。

每次公司组织活动，大家都不愿意在前排。有个新入职的员工，每次看到前面有空出的位置，就主动站出来填补空缺。这种主动靠前站的做法，引起公司高层的关注，很快公司上下很多人都认识了这位新员工，他不仅得到了大家的关注，也颇受欢迎。这件事虽然很平常，却有一定的道理：平时有靠前的意识和习惯，做个“显眼包”，才能被大家记住，才能在关键的时候被想到。

有机会尽量靠前站，开会尽量往前坐，有很多好处。从近处说，是对单位集体活动的主动参与、积极参与，是一种向上进步的心态，体现了个人的自信感，对整个活动或会议过程的融入感更强；从长远看，经常靠前站或靠前坐，不仅有助于自己成长进步，也能带动团队的积极氛围。靠前站、靠前坐虽然有很多好处，但也需要一些勇气，克服一些惰性。能向前站、靠前坐不是一件简单的事，有着诸多因素的影响，既有文化的也有世俗的，既有规则的也有心态的。

座次选择可能涉及方方面面。总的来说，前面几排是焦点，坐的人相对少，有人想坐，有人不想坐，有人想坐不便坐，有人不想坐不得不坐，不一而足。身在前排需要自律，坐前排是一种约束：姿势要端正，要注意形象，不便交头接耳，进出不自由，等等。但也有好处：听得清，注意力集中，能够帮助自己养成好习惯。

有一则小视频：一位大学教授在黑板上写下两行字：尽可能坐前排，坐前排的都是好同学。短短一天，网友点赞过万。其中一则留言很经典：“破防！满满的关心，坐在前排不代表你的成绩，却代表着你的态度。”“坐在前排”不能仅停留为一种想法，而要采取行动。坐到“前排”的人，他们真的把想法变成了行动，好的行动就是好的态度，就凭这一点，就值得被定义为好同学、好同志。

向前是多数人的愿望，不管是考试考核，还是职务职称晋升，大家都想排名在前面。要想关键时候能往前一点，平时还得多主动、多付出，多想靠前站、靠前坐。特别是没有规定明确位置也不好界定清楚职责的时候，勇敢地靠前坐、靠前站，主动担当，抓住提升和锻炼的机会，这是一种积极的心态，也是关键时候能靠前的积累。只有平时走在前、站在前，才有可能在关键时候被看到，被排到最前面。

阳明先生说："虚灵不昧，众理具而万事出。心外无理，心外无事。"靠前是一种心态，更是一种责任。作为年轻人，要尽力往前，争做排头兵；作为年长者，也要量力往前，争当火车头。这是很好的知行合一。

爱岗与敬业

参加职业资格考试，培训教材中有关于职业道德的书籍，汇集了各个领域有关职业道德的内容，满满的正向要求，看后真是大开眼界。职业道德是做好工作的前提保证，学懂、弄通职业道德内涵，有助于工作人员提升境界。

古人云："居之无倦，行之以忠。"爱岗敬业是职业道德的基本内容，也是各行各业对工作人员的普遍要求。但在工作实践中，爱岗敬业却是很难完全达到的。最常见的问题是，混淆了爱岗和敬业的概念，把爱岗和敬业绑在一起，用不喜欢来敷衍和推托"敬业"。

爱岗是做好工作的内在要求。很多人认为，只有在自己喜欢的岗位上才能切切实实地发挥才能，全身心地投入，才会有动力一直坚持下去。其实，工作多年就会明白，用喜不喜欢来衡量工作，是很不现实的。哪有那么多喜欢不喜欢，很多时候，正是一种内在的责任感，促使我们做好相应的工作，做好应该做的事情。干了就好好干，这就是爱岗的内涵。

人的一生，能从事自己真正喜欢的工作的机会不多，更多的是实际工作才知道喜欢不喜欢，而初始的喜欢也不一定会持久，可能会因为各种各样的原因变得不喜欢。工作和婚姻有很多类似的地方，正如钱锺书对于婚姻的表述，刚开始的时候觉得对方都是优点，真正在一起久了，就失去了新鲜感，优点也变成了缺点，更多的是不顺眼，进而产生落差感。白头到老的爱情需要付出，需要投入耐心，投入时间，忍受对方的缺点，经营彼此的感情，否则用不了多久就会分道扬镳。工作也是一样，"喜欢"只是一种初始感觉，在工作中遇到的各种复杂问题、困难挑战，都会让人的兴趣逐渐减弱，长久去做一份工作，需要不断投入耐心，需要经常静下心来去处理问题、解决困扰，这样才能维持最初的"喜欢"。

有人说：人很难知道自己喜欢或者不喜欢。人的认知需要有一个过程，用喜欢不喜欢来选择工作，对 90% 的人来讲是没有意义的，因为本来以为喜欢的事情，做了以后会发现，也没有真的那么喜欢。每次单位进新人，看到他们热切的目光，对新生活的向往，我都会叮嘱再三：要珍惜、善待工作，保持好的心态，不要忘记初心。遗憾的是，没过几年，便有人不再珍惜，缺少了激情，迷失了方向。理由各种各样，有的说是不喜欢，有的说是本来喜欢，做着做着厌倦了，失去了新鲜感。有人说：任何事情一旦被重复，都没法再保持新鲜感，热情都会降低。这句话非常现实，由此可以推断，对于职业，不能轻易用喜欢不喜欢来衡量、判断，而应该从内心去思考自己想要什么，怎样做才能得到想要的。

与此相似，人们常说“兴趣是最好的老师”，那喜欢就能做好吗？其实并不是这样的。喜欢写文章的人，并不一定适合从事文字工作，写文章是自我表达，有了灵感才会去写。工作是被动的，公文是强制的，没有灵感也需要硬找出灵感来写，又怎么能够坚持喜欢下去？很多人喜欢某个职业，不一定是真正喜欢，更多的是因为开始不了解，有神秘感，或者只是看到了光鲜的一面。

爱岗可能较难，但可以从敬重自己的职业开始。敬业是一种精神境界，是对本职工作的认知态度和价值追求。尊重自己的职业，就会愿意勤勤恳恳地对待工作，这是做好工作的本源力量。从自己的工作本职工作开始，正心诚意地把每一件事情做好，把每一天的事情做好，诚心工作，用心做事，就一定能把事情做好。

阳明先生说：“尔那一点良知，是尔自家底准则。尔意念着处，他是便知是，非便知非，更瞒他一些不得。尔只不要欺他，实实落落依着他做去，善便存，恶便去。”工作是自我修炼的过程，静下心来，工作中的道理会更加清晰，哪些是应该做的，哪些是不应该做的，都会呈现在心里。从本职工作开始，厘清内在的关系，理解工作，爱惜岗位，敬重职业，是职场人的美德。

找到自己的位置

很多单位都有新入职人员轮岗制度，这项制度既有利于让新人全面了解单位的整体工作，也有利于让他们找到更适合自己的发展方向。一个人，对于自己适合做什么工作，最开始往往不大清楚，找到适合自己的位置后，才能干得更好、更顺遂。

有个故事，很有借鉴意义：有个人没有考上大学，应聘教师，因为讲课不好，被学生轰下台。回家后，妻子安慰说，肚子里有东西，有人倒得出来，有人倒不出来，没必要为此伤心，也许有更适合你的事情等着你做。后来他外出打工，因为行动笨拙，又被老板辞退。妻子对他说，手脚总是有快有慢，别人已经干很多年了，而你一直在念书，怎么快得了？之后，他又干过一些工作，但是都不能胜任。每当他沮丧地回家时，妻子总安慰他一定会找到更合适的事情干。30 多岁时，他做了聋哑学校的辅导员，后来又开办了残障人用品店，成为一名很有成就的老板。一天，他问妻子，你为什么对我那么有信心？他妻子的回答朴素而简单：一块地，不适合种麦子，可以试试种豆子，豆子也长不好的话，可以试试种瓜果，瓜果也不行的话，就种高粱……总有一种种子适合它，也终会有属于它的一片收成。

这个故事蕴含的道理，有着很好的现实意义，可以给人以借鉴，更能给人以希望和动力。每个年龄阶段都会遇到困难，年轻时候是付出较多的时候，也是最不容易的时候，既要孜孜不倦地努力攀登，又要不断地寻找自己的机遇，寻找适合自己发展的方向。这时候，一定要沉住气，保持好耐心，坚定对自己的信心。正如有人说的那样，开始的时候一定拥有的少，但是不会一直少，只要耐心，总会有所积累，直到拥有一技之长，拥有自己值得骄傲的东西。

每个人都有自己的价值，只不过需要找准适合自己的位置。在寻找的过程中，既要自己坚守，也要有人指引方向，更需要鼓励。恒久的信念和爱，可以让一粒坚韧的种子，执着生长出属于自己的奇迹！因此，每个人都要努力去相信，相信自己，也相信别人。作为职场人，工作中需要有对自己和他人的信念，生活中也需要有对自己和他人的爱心和信心。

阳明先生说："夫志犹种也，学问思辨而笃行之，是耕耨灌溉以求于有秋也。""夫圣人之学，心学也。学以求尽其心而已。"拥有一颗向善向好之心，还要尽心尽力去做，这样才能让每一粒种子都找到属于自己的那块地，才能让每一个人都找到适合自己的位置。

学做事

学而不思则罔，思而不学则殆。

——《论语》

在工作中学习

公考笔试结束后，很多同志都感慨：好多知识点都与平时的工作密切相关，特别是申论，只要平时多看多总结、认真撰写工作文案，考试的时候就不难。

工作中随时随地都可以学习，只要有心，处处都是课堂，件件事都有学问。例如，一些综合服务岗位，每天的工作很琐碎，很多工作内容可能都是在不断重复。如果目标仅限于完成当日的任务，可能就很难有所收获，也很难找到工作成效和亮点。一个在办公室工作多年的老主任，给年轻人教了一招：先做一个简易的流水账日志，不仅记录每天干了啥，也记录各项工作的数量，空闲的时候再把当天自己觉得做得好的标注下来，再有精力的话就思考一下提高工作效率的办法。这样下来，工作汇报时不但有真实、客观的工作数据，而且有很多心得和做法，再普通、平凡的岗位也容易干出亮点，个人能力也会得到提升。

工作中学习的方法有很多，不同的人有不同的体会。比如，有的人喜欢看书，遇到问题向书本学；有的人喜欢沟通交流，遇到困难向同事学；有的人喜欢自己钻研琢磨，遇到不懂的、不会的反复在实践中练习，在实际工作中总结、摸索出自己的经验……

工作中的学习不是一朝一夕的事儿，贵在坚持。无论是专业技术工作还是综合服务工作，不可能千篇一律，每天都会遇到新情况、新问题。即使是重复单调的工作，也需要不断精进、不断优化和改善。学习提升应是一个不断积累、从量变到质变的过程。持之以恒，有了一定的积累，才能逐步提升自己。最好的学习是结合工作实际，每天抽出一点时间来学习，哪怕只是几分钟，哪怕只学一个知识点，久而久之，日积月累，积少成多，工作能力就会大大提升。实际上，人的智商差异很小，最终的能力多取决于平时的学习，这就是后天努力所带来的实实在在的成效。

工作中学习的机会有很多，能抓住机会很重要。以最常见的部门工作例会为例，如果肯用心，随处都是机会。领导部署工作，同事汇报工作，相互间沟通交流工作，这些都是学习的机会。除了具体的业务工作，参加教育培训、报告演讲等，也是非常好的学习机会。优秀的发言中往往有他人提炼的工作理念、浓缩的工作要点，目的性、参考性、指导性、针对性都非常强。如果能认真倾听领会，就会有所收益。身在职场，随处随地都有学习的地方，机会到处都是，抓住在工作中学习的机会，是很好的提升自己的途径。

阳明先生说："簿书讼狱之间，无非实学；若离了事物为学，却是着空。"在工作中学习，学以致用，用以促学，才是实实在在的学问。

适应新变化

去银行交学费，本以为只有银行窗口才能办理，一问才知道，现在既可以在 ATM 机上办理，也可以在手机银行上办理，非常方便。根据工作人员的提示，我很快就在手机上办好了转账手续，免去了排队等候的时间，不由感叹，当今世界信息化应用发展得真是太快了。

当今时代，各行各业发展变化速度之快超出想象。许多曾经热门的职业有消失的危险，一些行业面临淘汰危机。《三体》有句经典的台词：我消灭你，与你无关。在这个跨界打劫、降维打击的时代，我们永远也无法预测哪个新兴的行业会打败传统行业。

一些服务类职业将来还会不会存在？智能机器会不会逐步替代人工操作？AI 技术会不会代替医生诊病……这一切都很难说不会发生，这一天随时可能会来，一切都不可预期。

“我消灭你，与你无关”，这句话虽然夸张，却充满大智慧，揭示了社会前进和发展变化的大趋势。网络上有句话说得很现实：这是个迅猛发展的时代，哪有工夫跟那些思想还在原始社会的人磨叽……鸡叫了，天会亮，鸡不叫，天也会亮，问题是天亮了，谁醒了？

有个电视剧台词说得好，人啊都在变，你在变我在变大家都在变。发展一定会改变原有的状态，也一定会提供更多的机遇。这个世界在飞速变化，我们也要跟着大趋势改变。多年前，有个南方的朋友说要去学习物流专业，当时几乎没有听懂什么意思，物流还是一门学问吗？还需要学习吗？现在才明白这个朋友的超前意识。今后肯定有更多看不懂、看不明白的现象，如何才能跟上时代发展的步伐，尝试用未来的眼光看待现在，是职场人应该经常思考的课题。

阳明先生说：“若人真肯在良知上用功，时时精明，不蔽于欲，自能临事不动。不动真体，自能应变无言。”适应新变化，才能解决“心”问题。保持对新鲜事物的探索之心，主动顺应时代发展的趋势，持续学习新知识，不断适应新变化，才能触摸更加广阔的天地！

适应新角色

同事小李被选派到基层挂职，领导觉得他比较年轻，工作经验不足，担心他到了新岗位适应不了新角色，后来，看到他无论是工作思路还是工作做法都很扎实，短短几年业绩就很明显，才放下心来。

入职和升职是职场人非常期待的事情，然而，角色的转换也伴随着更多的责任和困难。特别是刚开始的过渡时期，会进入一些陌生的领域，遇到一些新的问题，这些都需要逐渐熟悉和适应，因此不可避免地会产生压力，遭遇迷茫。如何尽快适应新岗位，顺利、平稳过渡，是多数职场人比较关注的问题。走上新的岗位，进入新的角色，需要思考的内容有很多，下面我们学习古人关于读书的几点心得，或许能有一些启发和借鉴。

宋朝朱熹的《观书有感》之一教给了我们方法学。“半亩方塘一鉴开，天光云影共徘徊。问渠那得清如许？为有源头活水来。”由于有源源不断的活水输入，半亩“方塘”水得以始终保持干净、清澈。一个人走上新的岗位后，原来的知识储备和能力可能会有一定的短缺，不能满足新的需要，只有及时学习新知识、新技能，持续汲取营养，提升能力，努力淬炼岗位所需能力，方能保持思想的活力，保持好工作的原动力，从而更好地适应新挑战。

《观书有感》之二教给我们的是工作思路。“昨夜江边春水生，艨艟巨舰一毛轻。向来枉费推移力，此日中流自在行。”意思是说，往日水浅的时候，再怎么使劲推船也是白费力气，江水猛涨，巨舰却能像一片羽毛一样轻松自在地飘行在水流中。工作也是这样，难是因为不会，会了则不难。这既需要一定的技巧，也需要有踏实的态度，工作能力需要从小到大、从少到多的积累，需要由量变达到质变，这样才能实现熟能生巧、驾驭自如。没有谁的成就能一蹴而就，都是日积月累的结果。每一个日常的努力，都是为未来成功铺垫的基础。只有持续用力，才能把工作做出成效。

南宋诗人陆游的《冬夜读书示子聿》“古人学问无遗力，少壮工夫老始成。纸上得来终觉浅，绝知此事要躬行”教给我们的是坚持与践行的重要性。任何学问都需要一个持续用力的过程，从书本上得到的知识终归是浅显的，要想真正了解一件事情，必须亲自去做、去经历，在实践中不断总结、持续改进，方能厚积薄发，这就是“知行合一”的功夫。对于新工作来说，更要做到知行合一，在学习中应用，在应用中检验，努力去实践，不断去反思，在总结经验教训中持续提高。只有在践行中认证过，才能知道什么是对的、什么是错的，这样的学问和才能才是真知。

阳明先生说：“只怕镜不明，不怕物来不能照。讲求事变，亦是照时事。然学者却须先有个明的功夫。学者惟患此心之未能明，不患事变之不能尽。”进入职场新角色，需要不断地学习和思考，根据岗位需要和工作实际打通“源头活水”，洞察工作本质，勤于实践和总结，力求取得良好的工作效果。

把握好细节

朋友是个医生，一次出门诊，由于病人多，打印好处方单随手签了字，口头嘱咐了用法用量和注意事项后，就递给了病人。病人取药后感觉药物剂量和朋友嘱咐的不一样，就拿回来问，朋友才发现开错了药，惊出了一身冷汗。原来是一字之差，写成了另一种药物。这件事，让他终生难忘，也从此将核对细节刻在了脑子里。

很多工作中，有些细节看似微不足道，但一旦出错，后果不堪设想。比如，消防安全防范工作，每一个小问题都不容忽视，每一个小小的隐患都务必仔细排查。安全无小事，出了事故都是大事。在一些事关公共安全、人身安全、人民健康问题的事情上，怎样较真于规范和细节都不为过，必须防患于未然。

人们常说，细节决定成败。细节有时候并非小节，因为细节出现重大失误的例子屡见不鲜。《韩非子·喻老》中有这样一段话："千丈之堤，以蝼蚁之穴溃；百尺之室，以突隙之烟焚。故曰白圭之行堤也塞其穴，丈人之慎火也涂其隙，是以白圭无水难，丈人无火患。此皆慎易以避难，敬细以远大者也。"意思是说，千丈大堤会因为蝼蚁小洞而溃决，百尺高楼会因为烟囱裂缝溅出的火花而焚毁。如果不注意消除细小的隐患，必然酿成大祸患。谨慎地对待小隐患，就可以避免大危难；认真地处理小细节，就可以远离大灾害。

日常工作中，细节更多体现的是工作素养。比如，工作岗位调整时，有的同志很注重交接环节，把工作内容、岗位职责、注意事项甚至自己的工作经验、日常心得都交代得清清楚楚，确保新任同事能很快熟悉新工作、适应新岗位。再比如医疗工作中的交接班环节，如果医生能够把需要重点关注的病人和病情交接清楚，就能避免很多的医疗隐患，保障医疗质量和安全。这些细节，体现的是工作素养，也是需要倡导和发扬的优秀品格。

很多人能成为某个领域的专家，也是因为具备关注细节的好习惯。他们往往从入职开始就比较注重岗位工作规范和标准的学习，不看轻基础性的工作内容，对重要部分还会做重点记录和细节标注，这体现了他们对工作严谨细致的态度。用心到这种程度，不仅可以把工作做扎实，还能积累经验、提高效率，时间长了自然就成了行家里手，成为这方面的专家。“问难愈多，则精微愈显。”从细微处入手，往往是做成大事的基础。《老子》中“天下大事，必作于细”、《礼记·中庸》里“致广大而尽精微”说的就是这个道理。

有时候，注重细节体现的是工作规范，也是消除瑕疵的必要程序。比如，在法律文书方面，需要认真进行文字校对，准确使用法律用语，注重关键词语的运用，确保文案格式规范、表达精准、依法有据。在完成一项重要工作后，应及时、仔细归档保存，确保资料完善、有据可查。这都是需要着重关注的工作细节，更是必须遵循的工作规范。

细节很重要，但对细节的关注，也并不是越多、越细越好，有时候也不必太过于纠结细节，甚至需要适当地舍弃细节。回顾工作中的点滴，有因为不注意细节的教训，也有因纠于细节而影响工作效率和任务完成的经历。

在时间紧、任务重的时候，有些工作只要方向大致正确就可以，俗话说：将军赶路，不抓小兔。只有抓大放小才能保证完成既定任务。这个时候过于纠结细节，往往会影响工作进度和目标实现。就像在年轻人的学习、成长阶段，要能给予其信任、适度包容，给予其成长进步的空间，适当忽略他们的不足，让他们愿意勇敢尝试，这样年轻人才能更快地成长为熟手。

阳明先生说：“区区‘格致诚正’之说，是就学者本心日用事为闻，体究践履，实地用功，是多少次第、多少积累在，正与空虚顿悟之说相反。”对细节的处理，需要因时因事去度量，不能一概而论，把握好细节，从内心里感受应该如何去做，这是需要在工作中不断刻意练习的。

坐功是个基本功

一次交流工作的时候，谈起工作风格的话题，同事有感而发地说：坐功也是工作中必备的功夫。意思是，能够在岗位上待住，需要的时候随时到位，是工作人员必备的基本素养。人在岗位，心也在岗位，是坐功的内涵。

坐功是工作的基本功，这不是信口开河，也不是标新立异的说法，而是有一定实践依据的。商人胡雪岩刚进钱庄干伙计的时候，整整两个月没有出钱庄大门，小小年纪就显示了不同常人的素质，以自己的优良定力赢得了肯定。在今天，坐功体现了一个人安于岗位的心态。

没有一定的坐功，心不在当下，心静不下来，就无法处理好工作。特别是服务岗位的人员，工作琐碎，时效性强，需要的时候找不到，不能立即到位，必定会贻误工作。比如办公室工作，肩负单位上传下达、协调联络职责，只有坚守岗位，随时能够履职，才能确保工作运行顺畅。很多大家公认的爱岗敬业表率，他们最显著的特点之一，就是坐得住，能够坚守岗位。

一、岗位上坐得住

坚守工作岗位是基本的要求，绝大多数工作都是要在办公场所完成的，坐功不足，在岗时间少，很多工作就可能指望不上，关键时刻就难以委以责任。服务性工作，突发事情非常多，该在岗的时候找不到人，就会贻误工作时机。很多工作事务是连续性的，一项工作不全程参与，是不可能熟悉来龙去脉的，就没法安排下一项内容，这样工作中承担任务、学习提升的机会就会越来越少。

二、会议时坐得住

会议是部署工作、安排事务的重要活动，凡是会议，几乎都有具体要求，这是了解单位发展、结合本职业务落实好任务的好时机。如果把参加会议当作一次熟悉工作的机会，就会自觉认真听，认真记，用心领会，思考结合本职工作抓落实的办法；如果把参加会议当作负担，坐在那里如坐针毡，想着别的事情，或者根本坐不住，就根本没法领会会议内容，更别说抓住会议部署的任务重点了，白白浪费时间还会耽误事。

三、学习时坐得住

每个单位都有其独特的业务内容，单位的学习培训是加强政治修养、提高业务水平的重要时机，好好利用这个机会，提升岗位技能和专业素养，能让工作事半功倍。实践中，有人不把学习当回事，学习意识不浓。单位的学习、培训活动，不想参加，或者勉强参加，人在心不在。该学的时候不学，必须掌握的不掌握，政治思想、业务水平就会落后，就会跟不上工作需求。

工作中还有很多场合，都需要一定的坐功。坐得住，在一定程度上反映了一个人的心态，以工作为重，才可能坐得住，坐不住反映的是心不在焉，其实是把心思和精力都用在了其他事情上。在岗位上坐不住，在工作上就靠不住；开会时坐不住，落实上就会打折扣；学习时坐不住，业务上就会有欠缺。

坐功是安于工作、做好工作的基本功，它体现了一个人的内在定力、涵养。工作人员要深刻理解坐功的含义，自觉落实到工作实践中去，做到知行合一。

一是理解坐功体现素能。坐功是人的一种素质能力，是综合素养的重要组成部分。坐功和能力是相辅相成、相互促进的，综合素质能力强了，坐功就有了，有了坐功反过来又会促进综合素质能力的提升。坐功是自己的素养，也是别人眼里的形象。认真观察就可以发现，有的人坐功很好，集体活动自始至终参加，学习活动能认真听记，上班期间总是安心工作，有了任务能够随时执行，这种素养会成就一个人。

二是理解坐功源于责任。坐功与责任有关，责任心强，坐功必然也强，责任心不强，坐功也不会强到哪里去。很多责任心强的人，既能坚守岗位，也能尽职尽责。比如医生做手术，站在手术台前几个小时甚至十几个小时是常有的事情，这是责任使然。一个业务干部，原来长期在外出差，调到综合岗后，很快转变了角色，时时坚守岗位，做到履职敬业。也有的人，在外面跑习惯了，屁股坐不住，人在曹营心在汉，不能时时刻刻把岗位责任放在心上，这些都说明责任心是坐功的前提基础。

三是理解坐功需要养成。坐得住，是有定力的体现，而定力是一种综合素养。坐不住，反映的是浮躁，是心不静、心不定，心不在岗位。很难想象，一个坐不住的人能够扎实做事。实际上，坐功归根结底体现了一个人的心态，坐功不强，就是工作心态不端正，心思不在工作上。坐功是一个人的工作习惯，可以在工作中养成，内化为工作的基本认知。坐一个小时是体力，两个小时是能力，三个小时是耐力，再多的时间就是心力了。

阳明先生说："功夫只是要简易真切。愈真切，愈简易；愈简易，愈真切。"坐功说起来容易，坚持起来需要一定的功夫。静下心来，强化认知，习练心态定力，就会逐渐坐得住、坐得久，工作起来也就能学到真功夫。

法律人的良知

小区停车场里一辆车有了划痕，车主报了警。监控显示：停放的时间里，只有一个小男孩靠近过这辆车。车主坚称，车停放在这里之前没有划痕。在“证据”面前，孩子家人在民警的见证下，赔偿了车主。事后，孩子的父亲向办案人提出异议，根据孩子一贯的品行，这件事应该不是他干的。案件已经了结，如果办案人就此不再过问，也无可厚非，但这位办案民警没有就此放下，孩子坚决否定的态度，还有孩子父亲凭着对孩子的了解提出的异议，让他内心不安。为了进一步查清真实情况，给案件一个真正公平的结论，也让自己安心，民警利用休息时间，再次仔细查看了小区的监控视频。特别是小孩在车旁待的那几分钟，经过反复辨认，最终他认定：小孩确实没有做划车的动作。进一步找车主求证，最后证实，在小孩靠近车之前车身就有了划痕。

一个法律人最重要的是什么？是办案能力、法律知识、纪律作风、工作态度、认真细心？答案或许不尽相同。这个办案民警的做法或许会给我们一些启发，一个法律人的内心良知，是愿意为真相不断付出努力的驱动力。

执法办案的神圣感，就在于其维护的是公平，彰显的是正义。法律天平一旦失衡，就会影响人的自由权利，甚至是前途命运，从而让人丧失对法律的信任，可能还会影响人们对社会、对政府、对人性的认识，影响人们的价值观甚至人生观。维护法律的权威，法律人承担着重要的责任。法律人应该是明媚的光、温暖的风，守望蔚蓝的海，推动法律的船行得正、行得稳。

在工作实践中，此类模糊案件在所难免。如果单纯就案办案，机械执法，常常会一叶障目，造成冤案。防止和纠正错误的发生，是法律人时刻面临的课题。

《人民法院报》曾刊文指出，良知是法律人的生命，是法律人品格的重要部分。一个合格的法律人，不在于学懂了多少法律，也不在于办理过多少案件，而在于内心有高贵、自重的法律素养和健康高尚的人格。唯有法律人的人格和良知，才是法律正义的保障。良知，是公平正义的有力保障，是大道至简的文化智慧。

去除人欲对良知的遮蔽，良知本有的智慧才能彰显。致良知需要在具体事务中进行，特别是对法律人来说，致良知有着更高的要求。阳明先生说：“如问一词讼，不可因其应对无状，起个怒心；不可因他言语圆转，生个喜心；不可恶其嘱托，加意治之；不可因其请求，屈意从之；不可因自己事务烦冗，随意苟且断之；不可因旁人谮毁罗织，随人意思处之。这许多意思皆私，只尔自知，须精细省察克治，惟恐此心有一毫偏倚，杜人是非。这便是‘格物’、‘致知’。”由此可见，只有在一个个具体案件中磨炼，用诚敬之心做事，本着良知寻证求源，让每一个结论都不昧良知，才能真正做到客观公正、知行合一。

法律人致良知，大体上有以下三个方面。

一、致事良知

办理案件，靠的是法律事实，客观上发生了什么，或许根本无从知晓。尽力而为，最大限度接近案件真相，考验法律人的良知。做事情从良知出发，往往更能坚定信心，得到更多的支持。只有经过道德的考验所做出的结论，才最接近事实真相，才能作为评判标准，才能对当事人和社会有一个满意的交代。做好每件小事是最现实的致良知。

二、致己良知

有人说，办案办的是别人的人生，其实也是自己的人生。有些东西于办案人来说或许只是枝节，但于他人而言可能就是全部。办案时会有各种艰难险阻，会有很多种无法深入的理由，但是只有真正深入了，才会通过良知的检验。在法律面前，让自己内心笃定，心无旁骛、客观公正地办理案件，让人感受到法律的温暖，是执法的重点。

三、致人良知

善良的心是最好的法律。但是，良知容易被物欲遮蔽，唤醒人们内心的良知，是法律人需要着力做的事情。办案技巧、沟通艺术，其实都是致人良知的学问。案件的形成原因十分复杂，办案要有一个用心量力探索的过程。唯有从良知出发办理的案件，才能让当事人切实感受到公平正义，让人们感受到法律的权威。

阳明先生说："能戒慎恐惧者，是良知也。"法治的实现离不开人的因素，法律只能约束人的外在行为，而良知可以点亮人的内心世界。头顶灿烂的星空和心中崇高的道德，需要我们终生仰望和敬畏。拥有一份恒久不变的善念并真诚地践行良知，才能最大限度地实现法律的价值。

让执法融入良知

电影《第二十条》热映以来，引起社会大众的强烈反响。一部电影，能够运用故事的方式解读《中华人民共和国刑法》条文，宣传法治精神，已属新颖，更为难得的是，剧情设计如此贴近现实，激发人性的光辉，弘扬了社会正气，让我们更加深刻地体会到，普法还要不断开辟新的途径。

电影中的韩明和吕玲玲代表了检察官的公正形象，两个人性格不同，处理问题的方式不同，但是这两人却有着共同的优秀品质，那就是检察官的职业良知、负责精神。“此心无私欲之蔽，即是天理，不须外面添一分。”人的良知即是天理，公平正义是良知的基本内容，执法人员在办理案件中，只有抛却私心杂念，办理案件时才能正直无私、心怀坦荡，才敢于不顾危险负重前行。韩明和吕玲玲心底的良知是他们办好案件的基石，也是社会公平正义的底线。

《第二十条》电影的拍摄，是检察工作践行检察理念现代化的成果。每一个牵动人心的社会事件，都将唤起人们的良知，最终成为法律修改的依据。法条无声，却震耳欲聋。“良知只是个是非之心，是非只是个好恶。只好恶就尽了是非，只是非就尽了万事万变。”其实真理的种子早就在我们心中，公平正义也一直在我们心中，激活心中的良知，这就是普法的意义。

法律条文是原则的，而现实是多样的，人性是复杂的，这就注定执法不可能机械不变。法条中的一个词，用在当事人身上可能就是一座山。当前司法实践中，还有不少问题亟待解决，例如，未成年人犯罪、轻刑案件等，都需要深入研讨。

司法是社会公平正义的最后一道防线。公平与正义，更需要所有人共同努力争取。有人说：社会的真正进步不是对强者的仰望，而是让每一位弱者都有尊严和底气地活着。法不能向不法让步，但是“不法常以为自己是法，恶也不会轻易服输”，正义的实现，有时要经历非常艰难的过程，这需要执法者丰厚的良知积淀，正如片中检察官的心声：所有正确的事情都有代价，但不能因为有代价就不去做。

“所幸天理之在人心，终有所不可泯，而良知之明，万古一日。”现实的残酷遮不住人性的光辉，正义终究会到来。每一个执法者，都既要坚持不懈地追求，更要不断向良知追问，保持一颗公平正义的心，持续落实“高质效办好每一个案件”的基本要求，以可感、可触、可信的方式让人民群众感受到公平正义就在身边、就在眼前。

阳明先生说：“无善无恶心之体，有善有恶意之动，知善知恶是良知，为善去恶是格物。”良知可抵千钧，知行重在合一。路虽远，行则将至。执法融入良知，就会充满正义的力量。

工作的收获

参加老干部座谈会，大家一起回顾岁月匆匆，畅谈工作点滴，每个人都感触颇多。有位工作经历丰富的同志，谈了一些工作中的收获，大家深有同感。品味工作所得，感受工作带给自己的很多收获，让我们从内心里感谢工作。

一、工作让我们有了发挥自己的机会

人生最大的幸运，莫过于能有机会切切实实地发挥自己。人一旦离开一定的工作平台，就可能变得有智无处用、有力无处使。回想起刚参加工作时，还算比较轻松，后来调整岗位，经常加班加点，虽然辛苦但也得到了很多，自我感觉很知足。在每个岗位上，都尽力做出应有的努力，收获的不仅有自己的成长进步，也有为单位发展进步做出贡献的成就感。单位给了我们发挥才干的平台，认真做事是应尽的本分，也是做人的原则。世上没有容易干的工作，把手头的工作做好，把能做的做好，珍惜所有，尽己所能，是工作中的良知。

二、工作给了我们开阔眼界的平台

很多同事都是农村长大的，参加工作前没有见过什么大世面，也不一定有什么远大理想，多数也没有想过自己要干什么。因此，参加工作以后，单位安排什么就干什么，非常本分、实在。通过工作岗位这个平台，才逐渐掌握了一些技能，或者有了一技之长，多年的经历也让大家认识了更广阔的世界。在一个个新的平台上，看到了更多的风景，学会了更多的技能，这些都是工作给予的。工作带给我们的很多收获，不仅是物质上的，更多的是一些内在的东西。工作中的历练和学习，让我们有了更广阔的视野。

三、工作给了我们学习提升的课堂

参加工作以来，从懵懂无知、一无所长，到对本职岗位得心应手，随着个人业务能力的提升，心性也成熟起来。多年的工作学习，让大家形成共识，人不怕笨，只要有恒心、有毅力，坚持不懈，持续努力，就没有完不成的任务，没有做不好的工作。只要坚持学习，就会一点一滴地进步，就能克服一个又一个的困难。更为难得的是，工作为我们提供了很多学习、培训的机会，每次参加培训，都能够学到新知识，取得新进步。在不断学习中，思想认识、工作能力逐步提升，眼界逐步开阔，逐渐地成长成熟，这多数得益于工作给予的学习提升。

阳明先生说："所幸良知在我，操得其要，譬犹舟之得舵，虽惊风巨浪颠沛不无，尚犹得免于倾覆者也。"慎终如始才能行稳致远，带着一颗感恩的心，多想想工作中的所得，坚守这样的认知，是工作中最好的收获。

做一个好保安

下班买菜回家，双手都提着袋子，到了小区门口，正想腾出手来拿卡开门，门突然自动开了，仔细一看，原来是门卫在岗亭里遥控打开的。这个小小的举动让人感到非常温暖，同时对小区保安又增加了一份好感。

保安是我们熟知且常见的职业，单位、小区、商场、酒店等场所无处不有。随着管理水平的不断提高，保安工作理念也逐步升级，在服务社会、维护安全等方面发挥着非常重要的作用。我们最常接触到的是单位和小区里的保安，每天上下班的时候，总能看到他们坚守在自己的岗位上，时间一久，大家也变得很熟悉。刚开始，可能会觉得保安的工作只是简单地维护秩序，但只要仔细观察，就会发现他们的工作其实很不容易，也很不简单。保安是单位和小区的安全守护者，需要具备多种职业素质。

一、保安需要敬业精神

小区的保安多数年龄都比较大，但他们的敬业程度却丝毫不减，无论什么时候进出小区，总有人在门口，几乎没有遇到过空岗的情况。正因为如此，保安和业主处得都非常融洽，得到大家的普遍尊重。一天晚上外出，回来已经是凌晨两点多钟，远远看见小区门口的值班室还亮着灯，一个保安坐在椅子上值班，没等走到门口保安就发现了，提前开了门，顿时感到特别温暖。

二、保安需要行为规范

尽管有的保安年龄偏大，但是他们一样坚持操练，定期执勤队列，口号响亮，手势标准，动作协调，展现出良好的精神状态。而且，每次见了面都打招呼，显得非常热情。他们熟悉每一个业主、每一个员工，谁有什么事情需要帮忙，总是有求必应，非常热心，门口代收的快递也放得整整齐齐，保管得非常细致。有句话说得好，简单的事情重复做就会成为专家，重复的事情用心做就会成为赢家。每个行业每个岗位上的人，都有其独特的价值，把简单的事情做好就是不简单。

三、保安需要认真负责

每天早上，小区的五名保安就分两路，一路在小区内巡逻，查找安全隐患；一路在门口值班，守护出入人员。有次我把自行车停在楼下，回来时发现自行车不见了，心想一定是被偷了。随后到保安室打算查看监控，才发现自行车被推到了保安室里。原来，保安巡逻的时候，发现自行车没上锁，怕丢就推到了保安室里保管。类似的事情，让居民们感到非常放心。

保安工作看起来简单，实际非常有意义。执勤守护不是一件轻松的事情，保安每天需要面对许多复杂的人和事，还有一些突发状况，需要极大的耐心和热心。人的价值不在于做什么，而在于能把要做的每一件事情都做好，自己觉得有获得感和幸福感。从这个角度看，保安这种敬业精神、工作态度值得每一个人学习、借鉴。

仔细想来，保安的认真敬业，也有着外在的因素，那就是安保或者物业公司管理严格，外因和内因都发挥着作用。由此可见，加强管理也是提升素质、发挥作用的重要因素。

阳明先生说："夫道必体而后见，非已见道而后加体道之功也，道必学而后明，非外讲学而复有所谓明道之事也。""良知之在人心，不但圣贤，虽常人亦无不如此。"每个人的眼睛都是明亮的，按照良知做事，但求无愧于心，是每个人都要努力的方向。

保持正确的认知

去同事办公室，看到其正在报纸上认真标注，原来他每天都认真学习报纸上与本职工作有关的内容。经过进一步交流才知道，同事一直通过各种渠道学习同行的做法，及时了解最新的业务动态，这种学习态度和习惯让他始终保持着自身专业领域的权威性，这是保持正确工作认知的一个好方法。

知识浩如烟海，相对广袤的大千世界，我们所能了解到的毕竟只是很小的一部分，即使是自己熟悉的领域，也会存在盲点：有时候突然发现，从小到大写了无数次的字，竟然写错了很多年；工作几十年的员工，对熟知的本职工作也会有盲区；自己固执于对某件事情的认识和处理方式，最终才发现是自己错了，一个错误坚持了很多年却并不自知……这种“不知道自己不知道”的情况，在现实生活中几乎每个人都经历过。可见，保持正确的认知对每一个人来说都非常有必要。

立场决定观点，认知决定方向。人与人之间的差距，很大程度上取决于认知。认知是融进每个人骨子里的判断标准，认知有误，必固于心。不同认知的人，看到的世界往往不一样。有人说，认知是真正的竞争力，人们对事情的理解程度决定了竞争力的大小。对一件事情的认知越深刻，思路就会越清晰、越辩证，判断能力和处置能力就会越强，对工作、生活的适应能力、变通能力就会越强。理论上讲，很多能力都可以在短时间内学习、掌握，唯独在内心最深处的认知，源自自身固有的素养，需要较长时间的沉淀才能形成。认知一旦固化成习惯，就很难在短时间内改变。当感到进退两难、无法抉择的时候，很有可能是认知进入了误区，当认知调准了，方向也就明确了。

工作和生活中，人们总是习惯把自己感受最深的事情当作全部，用既往的认知去评判一件事情，站在自己的角度去思考问题，这是许多人都有的习惯思维和做法。即使是学识很渊博、思维很辩证的人，也难免有不熟知的领域。按照自己的想法来看问题，偏颇就在所难免，也会出现“拿着不是当理说”的情况。《读者》上说，当认知能力提高，见识得多、读到得多、经历得多、有独立思考能力时，就会获得越来越多的知识和经验，个人构想就会越丰富、越饱满。经常跳出头脑，审视自己的想法，而不是按照自己的想法来看问题，可以减少认知偏差。

认知既受先天因素的影响，又受后天因素的影响。人的心理活动非常复杂，有些不像表面呈现的那么简单。认知只是一种表象，它的背后有着许多难以说清的因素，而品德是其中较为关键的方面，德行不到，认知就会流于表面。因此，有人说，道德的沦丧是认知失衡的必经阶段，最终可能导致黑白颠倒、是非不分，毁灭一切美好的事物。

如何保持正确的认知？没有固定的答案，需要在知行上狠下功夫。“学者读书，只要归在自己身心上。若泥文著句，拘拘解释，定要求个执定道理，恐多不通。盖古人之言，惟示人以所向往而已。若于所示之向往，尚有未明，只归在良知上体会方得。”认知既有先天的基础，又和后天阅历相关，唯有学习实践才能得以深化。对职场人来说，工作中的历练就是改善自己的好办法，每天学一点，每天改善一点，就会逐步形成相对稳定而客观的认知。

具体到每一个人，每个时期也有不同的认知行为模式。青年时期，是一个由外到内的过程，格物致知是巩固认知主要的途径；不惑之年，积累了一定的经验，又会侧重于内在思考，由内而外进行对照，从而以正心诚意为重点，认知、实践、再认知、再实践，不断循环往复。

阳明先生说：“我辈‘致知’，只是各随分限所及。今日良知见在如此，只随今日所知扩充到底；明日良知又有开悟，便从明日所知扩充到底。如此方是‘精一’功夫。”天理就在人的心中，良知能够很好地帮助我们鉴别所做事情的是非对错。坚守纯正的初心，在工作中循序渐进，是保持正确认知的基础。

让学习成为习惯

多年前，在一所学校参加培训，看到一幅标语：让学习成为一种习惯。当时对这句话非常有感触，就随手拍下来保存在了手机里，至今时常翻出来警醒自己。

学习的重要性毋庸置疑，如何看待学习，树立什么样的学习观，具有十分重要的意义。特别是成年人，多数已形成固定的工作、生活模式，有人说，成年人的学习目的，是追求更好的思维模式，而不是更多的知识。这句话从一定程度上表达了对学习的认知，对如何看待学习有很好的借鉴。

一、认知从学习中来

没有人天生就博学多识，正确的认知是从学习中得来的。认知是内心世界的折射，而对事物的认知定位是由我们自己赋予的，是经由内心判断后形成的概念。认知正确，事半功倍；认知不对，反受其累。一件普通的事情，理解成正面的，得到的反馈就会是积极的；理解成负面的，回应就会消极。例如，一件看似寻常的任务，带着理解和使命去干，再辛苦付出也心甘情愿，因为能感受到价值、意义；如果是为了完成任务而工作，就会心里有计较或有抱怨。通过学习、提升建立正确的认知非常重要，有知识才会有见地。办大事有才能很重要，但更需要有见识和眼光；做小事需要能力，好的认知和态度有利于我们把事情做得更好。仅知道学习的重要性还不够，还需要下足实践功夫，从学习中提升认知、践行认知。

二、思想从学习中来

思想是行动的先导，没有思想，就如同断线的风筝，没有可以牵引的力量。只有经常学习新知识，思想才会趋于成熟。《大学》里说：“大学之道，在明明德，在亲民，在止于至善。”儒家教育理念的最终目的，是培养人的崇高道德和责任担当。巩固心性修养、提高做事能力是成年人学习的重点。思想理念，需要持续学习，反复感悟，才能让身心升华、境界高远。知识只有变成思想，才能由信息转化为良知，由良知转化为行动。

三、改变从学习中来

曾国藩说："人之气质，由于天生，本难改变，唯读书则可变化气质。"学习是改变自己的有效途径，也是成长进步的必由之路。想改善自己就要学习，不学习就会原地踏步，打不开新视野，产生不了新思路。诸葛亮在《诫子书》中也说："非学无以广才，非志无以成学。"就如半杯水一样，不加入新东西就只能是半杯水。要想掌握更多的技能，适应更高级别或更有挑战性的岗位，需要不断学习、提升自我。

四、学不可以已

学习不只是学生时期的事，成年人更需要学习。古人云："知之盛者，莫大于成身，成身莫大于学。"保持学习的状态会让人感到充实，开卷就会有益。人的一生，每个时期都有不同的学习重点，年轻时多学习一些工作、生活中要用到的知识和技能，年老时反而可以学一些看似无用的东西。年轻人坚持学习专业知识，是为了更好的事业发展；家长要去父母课堂学会怎样教育子女；管理人员要去学习领导力知识；老年人学习书画、养生知识等，是为了愉悦身心、保持健康……不同的人有不同的学习侧重点。学无止境，每个人都需要坚持终身学习，以适应每个阶段的生活需求，从容应对生命中的不期而遇。

阳明先生说："人若真实切已用功不已，则于此心天理之精微日见一日，私欲之细微亦日见一日。若不用克己功夫，终日只是说话而已，天理终不自见，私欲亦终不自见。如人走路一般，走得一段方认得一段，走到歧路时，有疑便问，问了又走，方渐能到得欲到之处。"学习是一辈子的事情，学与习不可分离，在工作中学习，在学习中成长，努力让学习成为习惯，是职场人的进步阶梯。

培养敬业精神

去兄弟单位考察学习，接待我们的同行热情周到，他们介绍工作重点突出、特色鲜明，特别是几个讲解员，汇报工作时满怀激情，洋溢着自信与自豪，随便提问什么，都能够流利地回答，给大家留下了深刻的印象。大家共同的感受是，这种敬业精神更是要学习的重要内容。

敬业，就是尊重自己的职业，对职业有专一和完美的追求。敬业精神就是在职业活动中拥有高度的责任感和使命感，全身心地投入工作，追求卓越和完美。敬业是一种态度，是一种精神，这种精神不仅体现了从业者对工作的态度，也体现了他们对职业的热爱和执着，这种热爱和执着是不断进取、追求卓越的动力源泉。有敬业精神的员工可以提升单位的整体形象和竞争力，让团队更有活力和凝聚力。而且，敬业的员工在工作中会更加用心和专注，为单位创造更多的价值。

比如，那些在尖端领域取得卓越成就的科学家，他们热爱科学，具有强烈的追求精神和严肃的科学态度，工作起来不分昼夜，全身心投入研究，不断追求创新和突破，这就是敬业精神的一种体现。还有那些坚守在科研一线的实务工作者，他们默默无闻，始终坚守在自己的岗位上，为了攻克技术难题，废寝忘食，这也是敬业精神的生动写照。

敬业也是身在职场的普遍要求，无论是领导还是员工，都需要有这种精神，有了这种精神，才有可能干好事业。做任何工作都需要敬业。敬业的员工通常会非常热爱自己的职业，对工作充满热情，会以认真踏实的态度去对待每一项任务，精益求精，追求卓越。同时，他们也具备高度的责任心和强烈的使命感，时刻关注工作进展和成果，愿意为工作付出更多的努力和时间。

敬业是一种执着，是一种信念，是一种良知，也是一种工作品质。工作品质受思维习惯和成长经历的影响，那些始终对工作职责尽心尽力的人，他们对工作有自己的信念，做事有正确的认知。他们有自己明确的目标，有自己的期望和方向，知道自己要做什么，为什么要这么做，做起工作来更有方向感，必然也更容易有恒心和耐性做好工作。

敬业精神不是一朝一夕得来的。敬业是内在的素养，是人品的外在表现。有人认为工作没意思，一上班就没精打采，这就是没有敬业精神。有的人则满腔热情地工作，即使有不如意，遇到困难和阻碍，付出努力后没能达成所愿，也依然愿意付出足够的耐心坚持下去，这就是敬业精神的外在体现。

敬业贵于心在当下。经常听到有人说，如果能有怎么样的职位和待遇，就会认真敬业，好好工作。这其实是一种借口和逃避，真正的敬业就是在当下用功，而不是为努力找附加条件。这样的人，即使达到了他提出的条件和要求，可能还会提出新的借口和理由，依然逃避责任，心有旁骛。

敬业贵在坚持。短暂的激情只是想法，持久的激情才是敬业。懒惰是敬业的大敌，投机取巧，只想一时付出，是很难取得好的工作成绩的。有的人持“工作是干给别人看”的观念，这种人一旦不受监督，就会懈怠。慎终如始，是培养敬业精神的内在要求。

阳明先生说：“功夫到，‘诚意’始有着落处。然‘诚意’之本又在于‘致知’也……‘诚意’功夫实下手处在‘格物’也。若如此‘格物’，人人便做得。”诚意是做人之本，敬业是工作良知，需要不断培养和巩固。

专注当前事

有个同事，参加工作 10 多年，一直在一个岗位工作，他所在的部门，每天事务繁杂，很少有闲下来的时候，但这位同事十余年如一日，始终心无旁骛地专注于本职工作，做出了不容忽视的工作业绩。

这让我想起阳明先生登山的故事：相传阳明先生带着弟子们登山游学，大部分弟子到了半山腰就觉得很疲惫，而阳明先生到达山顶也没有觉得太累。弟子们问及原因，先生回答：山高万仞，只登一步。阳明先生登山时，心在登山的每一步上，一步一步自然到达山顶，而弟子们的心思一直在山顶，始终觉得距离那么远，爬山时心浮气躁，所以感觉每爬一下都是煎熬。这个故事启示我们，工作、生活中，如果已经确定了方向，就把心放在当下，一点一点做好手头的事，不要多想那些虚无缥缈的困扰，就会时时觉得轻松愉快，自然也会一步步接近目标。

专注是做好工作的前提，但不是人人都能够做到。很多人刚进单位时都有一种新鲜感，一段时间过后，就会有人觉得：每天千篇一律的工作内容，枯燥无味，工作起来就会三心二意，要么想着跳槽，要么在其位不谋其政，完全忘了当初为得到这份工作所付出的努力、作出的承诺。

在一个单位、一个岗位工作时间长了，感到厌倦、失落甚至郁闷是常见现象。据研究，这是价值、能力、兴趣不能相互促进的必然结果，正如人的心情会起起伏伏一样，工作状态也如此，开始的新鲜劲头一过，就会变得没有了激情。

如果能安心在一个岗位做上几年，也许你会慢慢发现并感受到这份工作的乐趣。有人提出这样的建议：可以在内心深处给自己一个承诺，这份工作至少干满 3 年，之后再考虑离职不离职的事情。诸如“就专注于眼前，将你最擅长的事情做好”“趁着年轻，如果内心真的想尝试某件事，那就放手去做吧”这些鸡汤语句，只有在真的经历之后，细细品味，才会感到有一定的现实意义。

《自卑与超越》中说：很多取得大成就的人并不是一开始就优秀的，恰恰可能他们都带着先天的缺陷，但他们能够正视这个缺陷，坚持努力，于是就取得了骄人的成绩。“二八定律”告诉我们，只有深入思考专注的意义，才能真正静下心来做好手头的事。

不可否认，在粗放型、经验型管理时代，多干几个行业、多从事几个岗位可以培养复合型人才。但无论什么时候，要想走专业化的路子，就必须肯于在一个领域里沉下心、扎下根。频繁地换岗位，是没有足够的时间全面掌握技能的，是很难学到一个行业的真本事的。人的精力有限，要想有一技之长，就要把一个工作的要求学深学透，要下一定的功夫，更需要时间、经验的积累。坚持和耐性是做好工作的前提，这也许就是专注的现实意义。

阳明先生说：“吾辈用功，只求日减，不求日增。减得一分人欲，便是复得一分天理，何等轻快脱洒，何等简易！”工作中，要把握好减少和增加的关系，减去一份私欲，领悟一份道理。排除心中的杂念，专注于当下，工作中你会收获更多！

培养工作兴趣

上级部门选拔人才，选中了单位的一个年轻干部，大家觉得这是一个很难得的进步机会，但是在征求个人意见时，这位年轻干部却没有同意，他说对现在的工作比较满意，现在的工作也是自己的兴趣爱好所在。他的想法和做法出乎大家的意料，也让大家对工作兴趣有了一些新思考。

工作是成长锻炼的平台，岗位是施展才华的舞台。人生的价值、奋斗的目标、工作的自豪感都来源于此。

同一份工作，同一件事情，不同的人去干会有不同的结果。无论做什么工作，在什么岗位，热爱本职工作，珍惜现有的岗位，干一行干好一行，都是工作中应有的修养。因此，一旦选择了某项工作，无论是否适合自己，都应该努力地去适应它、做好它。

人这一辈子，职场的大部分收获都来源于本职岗位。一份工作，愿意做且做得很好，就容易有更多的工作，这就是良性循环。接到一份工作，不情愿做，或者是没做好，机会就会相应减少，日复一日，循环往复，依然没有明显改变或提升，就会陷入恶性循环。

有句话说得很有道理：最愿意做的那件事，就是真正的天赋所在。人生有时候是阴错阳差的，年轻的时候，面对多种职业，很多人不知道自己适合哪个。而到了一定年龄，知道自己适合干什么了，却又往往失去了选择的机会。

歌德说过，如果把工作当作一种乐趣，人生就是天堂；如果把工作当作一种负担，人生就是地狱。工作是生活的重要组成部分，没有事做，就算再富有，也可能觉得生活缺乏意义。工作时间久了，会逐渐明白一个道理：人生价值的实现，工作任务的完成，没有多少捷径可走，只有脚踏实地，才能最终实现自己的目标。

有人说，今天的付出，是幸运的伏笔；当下的努力，是明日的花开。这句话有一定的道理。吃得了苦，耐得了烦，是知行合一最基础的践行标准。青年时期精力旺盛，充满激情，正是打基础、干工作、锻炼自己的好时机，多思考这个课题，塑造好内心定力，能有效减少外来干扰。

阳明先生说：“人要随才成就，才是其所能为……成就之者，亦只是要他心体纯乎天理。其运用处皆从天理上发来，然后谓之才。到得纯乎天理处，亦能‘不器’。”干一行，爱一行，才能干好一行。在工作中培养和发现兴趣，坚定这样的认知，对做好工作具有很好的帮助作用。

学透工作要求

单位准备出台一项制度，内容基本定稿后，大家提议再让老李把把关，征求一下他的意见。老李是单位某业务部门的负责人，他对有关法规解释了如指掌，是这方面的专家，经他把关后的文件一般不会出问题，长此以往，单位就形成了请他把关的惯例。

俗话说：熟能生巧，贵在精专。要干好工作，掌握本职岗位职责要求和专业技能是基础。能对职责内的相关规定和专业知识做到一口清，用到的时候能信手拈来，才能成为本专业的行家里手。俗话说“三百六十行，行行出状元”，但也常说“隔行如隔山”，这说明每一个领域都有自己的专业性，都有各自的大学问，只有深入用心才能成为内行。

老李的事迹让我深有感触。我们所从事的工作，多数都不太复杂，只要用心和专心，一段时间后基本都能够掌握。但是现实中，能够达到较高专业化程度的却是少数。如果到一个新的岗位，既不会用心，又不愿深入，也不下足功夫，就会在想干会干和干好干精之间停下脚步，达不到精、专的标准。

很多人都属于想干之列的，内心想把工作做好，也在工作上下了一定的功夫，取得了一定的成绩，但是稍加分析，就会发现功夫没有下到一定的深度，没有尽到全力。比如，在有的业务知识学习上大而化之，觉得自己方方面面都了解了，但是用起来才发现掌握得不深不细，该记的没有记住，关键时候工作上顶不住。执行政策上也是这样，对各项要求、各种情况掌握得不细不清，似是而非，工作起来难以决断，找不到重点，看似工作很努力，实则效率不高。

也有人有干好工作的想法，但不知道该如何干，即不知道如何行动，这就是“知”和“行”不在一起，没有真正“知”，也就无法“行”。如何做到知行合一，让自己在工作中能够切切实实地发挥自己所长，是每个职场人都期盼达到的目标。普遍认为，对一项工作要求，“会”是基础，“熟”是台阶，“用”是标准，“融”是升华，按照融会贯通的标准去工作，才能真正实现学以致用。

社会分工越来越细，专业化、职业化进程越来越快，要想在某个领域达到精准、精细的程度，就必须好好地在这个领域里下一番功夫。人的精力有限，但是工作事务无限，将一件事情做好不是容易的事情，提高自己的专注度，用专业去敲机遇之门，是比较省心省力的办法。

任用和培养干部也是这样，练就又精又专的本领，钻一行精一行，管一行像一行，是新时代提出的人才新课题。由此而言，对于拥有某一领域专长、揽得了“瓷器活”的“金刚钻”型人才，组织应多培养，干部本身也应为此多多努力。

阳明先生说：“养心莫善于义理，为学莫要于精专。”从现在做起，好好琢磨一下本职工作，从内心意识到专、精的重要性，把岗位职责“吃透”，把工作要求“学透”，是做好工作的基本功，是成为行家里手的根本途径。

清醒地工作

单位组织义务普法宣讲活动，虽然是本职之外的工作，却有不少同事积极参与并做得很认真。通过这样的活动，这些同志很快熟知、掌握了法律条文，还能运用自如，表达能力也得到了很好的提升。

保持工作中的清醒，就是明白自己的工作目标，明白自己要什么、有什么、凭什么，对自己有比较清晰的思考和规划，知道自己的着力点在哪里，知道什么时间该做什么不该做什么，知道怎样做才能逐渐达到自己的既定目标。

清醒地工作，首先要清楚自己想得到什么。一个人的工作目的，无非有两点：一点是获得报酬，能够自食其力，养家糊口，这是最基本和最底层的目标；另一点是实现人生价值和精神需求。每个人都有生活的价值目标，其中很多方面都要通过工作来实现。对多数人来说，职业生涯占据了人生的大部分时间，人生每个阶段都有不同的提升重点和努力方向。例如，兼职做义务普法讲解员就是个很好的学习、锻炼机会，有熟练掌握法律知识且提高表达能力的单位同事，就会积极抓住这个机遇，为实现自己更高的人生价值打下基础。

工作中的付出和收获通常是成正比的。任何一个岗位，工作职责再简单，都会有自己的发挥空间，只要用心干，就会把它干得多姿多彩，这一点是毋庸置疑的。即使工作岗位不是自己预期的，也要清醒地认知到自己该做什么，能从中得到什么，多思考怎样做出业绩，把偏门干成正道。有一句话说得好，要骑着马找马，不要虐待当前的马。每份工作都是经历，都是对自己的历练，把握好每次工作的机会也是清醒工作的重要内容。

要经常思考自己和工作的契合度。怎样判断自己和工作的契合度呢？可以经常问一问自己：对当前工作持什么样的态度？自己对工作的贡献有多少？还要思考一下自己和集体的关系、自己在集体中的位置。一个人在集体中的价值，也体现在和单位的疏密关系中。做好本职工作，就要和集体保持密切关系，关注集体发展，回应集体要求，把自己融入集体，与单位集体成为一个命运共同体。经常认真思考这些问题，就会对当下的工作有更加清醒的认知。

要把握好在每一个岗位上干出成绩的机遇。每一项工作内容都有做出成绩的可能，无论是热点岗位还是冷门专业，都有创造特色、打造亮点的机会，关键是怎么对待、如何用力。每一份简单的工作都可以做出技术含量，每一个看似不重要的岗位都有可能做出亮点、做出特色，小部门也有可能做出大成绩。

阳明先生说："盖日用之间，见闻酬酢，虽千头万绪，莫非良知之发用流行，除却见闻酬酢，亦无良知可致矣。"保持工作中的清醒认知，在做事中致良知，是做好工作、做出成绩的基础。

学习要理性

参加有关传统文化的读书交流会，有几个人的发言既实在又贴切自然。他们的所学、所感、所悟、所用让我们感觉自己虽学习、理解了传统文化甚至能熟练背诵有关语句，但很难将之应用在实际工作、生活中。

工作、生活中，大家同样在学习，有的人学了就会用，更多的人却经常感觉不能学以致用。实际上，在广泛学习的基础上要进行思考和实践，只有经过思考和实践，形成自己的理性认识和理性思维，才能算得上真正掌握知识。

理性的学习首先要掌握足够宽泛而全面的知识。查理·芒格是一位多学科的思考者，他提倡不断学习众多学科知识来形成更客观和全面的认知，从而提高对事物的认识水平。他认为，多元的思维模型可以避免单一思维的局限性，有利于更准确地认识和理解事物。比如，要想做一个好的专科医生，不仅需要掌握这个专科领域的医学知识和技能，还要对其他专科有一个比较全面的了解，甚至还要掌握心理学、社会学、沟通技巧等相关方面的知识。为了能及时、准确地识别一些容易误诊漏诊的疾病，还要建立全科医师的思维模式，以对类似病症的多个病种有较强的鉴别、诊断能力。同时，医学还是一门不断发展进步和不断更新的学科，因此，医生的成长成熟不但需要有一个较长的培养周期，而且要终身学习。

学习的最终目的，是更好、更理性地解决工作、生活中遇到的问题，只有不断学习、理性思考、反复实践，才能更好地把所学变成所知、所知变为所用，从而真正付诸实践。要想用所学、所知更好地指导工作，还应该在掌握足量知识的基础上对这些知识做一个梳理和整合，从这些知识体系中抽丝剥茧，总结出自己的认识，形成自己的认知，这就是理性学习。

历史上有许多具有代表性的理性学习人物。孔子提倡“学而时习之，不亦说乎”，强调学习和实践的重要性。庄子则主张“吾生也有涯，而知也无涯”，他认为人的生命有限，但知识和认识是无限的，因此需要不断学习和思考。阳明先生认为“学贵专”“学贵精”“学贵正”，而且要在事上磨炼、知行合一，这样才能学以致用。这些理性学习的代表人物都认为通过学习、思考和践行可以获得更深刻的认识和理解，他们的思想和事迹对后人也产生了深远的影响。

知为行之始，学为用之先。学习很重要，学以致用更重要，学习要有理性，理性地学习，才能理性地应用。多学科、多角度、多侧面学习，可以避免认知的局限性和片面性，更好地形成自己的理性判断力和决策力。所谓智慧，实际上是通过熟练掌握不同的学科知识，获得的更全面、更客观的分析决策能力。

在信息膨胀的社会，知识碎片化，各种信息来源多，这有利也有弊，利在学习内容随处可得，弊在各种信息泥沙俱下，需要分辨吸收、甄别消化。因此，在这个时代，静下心来思考学什么、怎么学变得尤为重要。

多数人都存在思想盲点，对于自己的专业或者对某一件事情或许能够做到客观，但是对于万事万物都秉持客观的态度却是很难的。因此，每个人都需要借助理性学习和思考来最大限度地减少思维盲点，力求做到认知更加客观，以更加理性、客观地做人做事。

阳明先生说：“凡看经书，要在致吾之良知，取其有益于学而已。则千经万典，颠倒纵横，皆为我之所用。”理性学习有助于形成理性思维能力，提高自己理性解决问题的能力，养成理性学习的习惯和能力，这对于工作、生活大有裨益。

规划好学习

参加高校培训，内容包含经济形势、社会热点、政务礼仪、传统文化、危机管理等多个方面，专业性强，知识面广，实用性高，让人大开眼界，学有所得，也由此对加强自身学习有了更多的思考。

学习的重要性几乎人人皆知，但能够坚持学习的人却在少数，至于做到有计划地学习的人，那就更少了。

从强化认知的角度，在学习上要有这么几个观念。

一、学习是一种生活模式

人生差异在于读书学习，阳明先生说："夫君子之学，求以变化其气质焉尔。"博览可以改变人生广度，深读可以改变人生厚度。我们要深刻认识这个道理，把学习理念放在重要位置，让学习成为自己的生活模式，自觉养成学习的好习惯。

二、学习有适合自己的方法

每个人的工作和生活都有各自的特点，要根据自身的特点制订学习计划、把握学习节奏，找到适合自己的学习方法。不但要挤时间学习，高效率学习，而且要采用正确的方法，确保学习计划具有可操作性和可行性。

三、要明确学习重点

知识浩如烟海，每个人的学习都必须有重点、有方向，要紧密结合工作、生活实际，围绕提高自身素质，以专业化为方向，以复合型为基础，更好地适应工作需要，才能达到针对性的效果。

四、有学习的紧迫感

社会发展日新月异，学习刻不容缓。学习时的辛苦是暂时的，不学习的困苦是终身的。要从内心认识到学习的重要性，形成学习的紧迫感，减少一些应酬空谈，增加学习时间，不断扩大丰富认知，提高辩证思维的能力，善于运用科学方法处理工作中的问题。

五、抓住培训的机会

学习的途径有很多，参加学习培训是提升素能的一个重要途径，也可以说是捷径，通过一些系统的专业学习培训，能够有效克服见识短、眼界窄的问题。抓住培训的机会，对于明确工作方向，有很好的指导作用。

关于学习知识，阳明先生有着独到的见解。有人问："知识不长进，如何？"先生回答："为学须有本原，须从本原用力，渐渐'盈科而进'。"这段话给我们很好的启示，在日常工作中，想明白为什么学习，进而用好内在的功夫，是学习进步的原动力。

写好工作总结

单位举办述职会议，有两个部门的同志发言很好。他们的工作总结得很有听头，活干得扎实，话说得实在，突出了重点，也有一些值得学习、借鉴的经验做法，给大家留下了深刻的印象。

总结是常态性工作，是对过去工作的阶段性回顾，是具体工作的延伸，也是改进工作的有效措施。每过一个时间阶段，每完成一项较为重要的工作，都要做个工作总结，这种回顾和总结，是非常重要的工作方法。

总结是工作中的基本功，是常用的技能，写好总结很不容易。特别是一些综合服务岗位，琐碎的事情如果列举得太多，工作总结就会没有特点，让人听起来乏味、找不到重点。偶尔翻看以前的工作总结，有的一看就没有下功夫，感觉太草率了，没有任何新意；有的则内容翔实，特点鲜明，亮点突出，一看就是下了一番功夫，时隔多年依然感觉有一定的价值。不管在哪个岗位，不管做了哪些工作，只要用心回顾、认真思考、分析提炼，总能找到工作中的闪光点，每一段工作记忆都会有可圈可点之处。

总结大致包括对过去工作的回顾与思考分析、存在的问题和不足、下一步的工作思路等基本内容，还可以总结、提炼一些好的经验或做法。经常进行回顾性总结，有利于及时调整思路、目标，改进工作措施，最大限度地保持正确的方向，同时还可以提高工作效率，加快工作或项目的进程。一个单位或部门，通过总结，可以肯定、推广经验，分析问题，为今后的工作提供思路，确定下一步的工作目标。个人经常进行回顾性总结，能够锻炼系统思维，养成思考习惯，规范言行举止，不偏离目标及追求，促进自身成长、进步。

文字工作既需要悟性也需要练习，写好总结也有一定的技巧，从回顾过去的角度看，有这么几点需要注意。

一、思想上重视

总结非常重要，在工作中用得最普遍。毛主席说过：“我是靠总结经验吃饭的。”这句话可谓总结重要性的直接体现。总结工作要静下心来，认真回顾工作中的做法和收获。很多人说自己不会总结，其实只要真正重视，功夫到了，每个人都是总结高手。

二、收集好素材

巧妇难为无米之炊，总结需要详细了解过去的工作情况，这是写好总结的关键，要多看看工作中的一些信息，注意做好平时的工作日志，以便于回顾时收集资料，从中挑出典型的素材；要多听听周围人的意见，征求他们对总结的建议，从中发掘、借鉴、体会，把众人智慧吸收进来，更好地提炼工作精华部分。总结是一个思考的过程，是一个检验工作成效的过程，也是一个反思工作好坏的过程。

三、把握好方向

《文心雕龙》里说：“立文之道，惟字与义；字以训正，义以理宣。”写作的基本途径不外乎用字和立义两个方面，用字要根据正确的解释来确定含义，立义要通过正确的道理来阐明含义。总结也是如此，要根据总结的行业特点和需要展示的重点，研究透工作定位，把握好总结方向，写出具有时代印记和实践内涵的总结。

四、提炼出特色

单位的工作职责相对固定，但是重点要求与时俱进，每个时期每个阶段都有不同的重点。因此，新颖性是总结的灵魂，也是总结的价值，我们要通过分析，反复推敲，找到工作的本质，用精练的语言最大限度地表述出特色、亮点。

五、总结出收获

经验多是总结出来的，善于思考的人往往能找到价值收获。总结要升华意义，如数量背后要显示出质量和效率，平常琐事背后要体现出意义和价值。站在更高的位置，站在全局的角度，把这些价值、意义提炼出来，让工作本身的意义有所升华，这是工作总结的价值。

总结的模式也不完全是固定的，要根据工作需要、工作特点而定，适合自己的才是最好的。例如，有的企业就采用三句话的方式，一句话总结过去工作的成效，一句话分析当前面临的形势，最后一句是下一步需要办理的事项。这种方式是一种非常简洁实用的模式，对工作人员养成干练的工作习惯很有帮助，也更便于落实和坚持。

阳明先生说："格物是致知功夫，知得致知便已知得格物。若是未知格物，则是致知功夫亦未尝知也。"总结与工作相辅相成，总结是提高工作质效的好办法，写好工作总结是职场人的基本技能，重视总结、写好总结是工作中必备的认知。

功夫用对路

单位有几个同事，是大家公认的优秀人才，他们在工作中始终如一，做事规范有序，落实工作让人放心，是单位树立的学习榜样。他们在工作中的做法，有一些共同特征。

一、有原则守规矩

严格执行工作制度，工作起来规范有序，坚持原则底线，不投机取巧，不犯原则性错误。始终遵守工作纪律，不失职、不越权、不违规，非常注重工作程序、工作规矩，保持良好的工作习惯，言行举止恰当大方。

二、有责任敢担当

工作思路清晰，责任明确，始终牢记自己的岗位责任，做事踏实，履职尽责，本职工作做得出色，协作时也积极认真。遇到急难险重任务，不仅服从组织安排，关键时候还能够主动站出来、顶上去。困难面前不避险敢担当，能迎难而上，主动靠上去想办法。

三、有计划有落实

日常工作有条不紊，做事事前有计划，一段时间有规划。规划、计划有要点、有步骤，落实起来有秩序，平时心中有数，很少遗漏工作，还能把握好重点。对计划内的任务，有具体的落实办法；对常规工作，有经验性的解决办法；对应急性任务，有调节应对的弹性。在领导和同事看来，工作得心应手。

四、有成效会沟通

任何工作都需要最后的成效来检验，注重成效才能保持工作的长效性。坚持工作的长效性才能保证工作的好成效。看到成效，说明工作达到了标准、实现了目标，这是检验工作最直接、最重要的一个方面。工作过程中还要及时反馈沟通，有进展需要汇报，有困难需要反馈，以便于及时解决，最后取得了成效更要沟通汇报，让领导放心。必要的沟通是必不可少的，横向、纵向都沟通，有助于提高工作效率，加快工作推进速度。

阳明先生说："吾辈今日用功，只是要为善之心真切。此心真切，见善即迁，有过即改，方是真切功夫。如此，则人欲日消，天理日有。若只管求光景、说效验，却是助长外驰病痛，不是功夫。"做好工作需要一定的功夫，把握好着力点，功夫用对路，才能事半功倍。

创新有空间

单位一项制度创新成果得到上级肯定，荣获年度创新成果表彰奖励，消息传来，大家都很高兴，也坚定了做好工作的信心。这项工作说起来很简单，就是把多年来存在的工作配合中的难题，通过会签制度解决。

创新是社会发展的动力，也是各项工作顺利推进的助力。创新不仅限于科技创新，各个领域、方方面面都有着创新空间，即便是司法工作，也蕴含着很多创新的机会、创新的内容。

创新是工作、生活的常态。经常到外面走一走、看一看，就会发现，创新在一定程度上已经颠覆了我们的认知。众多高新科技，以前想都不敢想，现在都成了现实。不说生物医学、航空航天等高精尖技术，就是日常生活用品，几乎也每天都有新品出现，更新换代速度非常快。创新没有止境，创新无处不在。就拿工作中最常见的后勤服务来说，也大有创新空间。食堂最近推出了新举措，让大家感到很贴心，在窗口挂一个小黑板，把各种菜名、配料写在上面，让大家一目了然，这是一种创新。党支部把活动记录发在微信上，便于大家核对学习；政工部门实行责任分工制度，每天工作都拉出清单，让所有人都做到心中有数……这都是一种创新。针对大家眼中的问题，拿出解决方案；针对原来欠缺的环节，拿出改进办法，更好地提高质量、提高效率，方便大家，这就是创新。创新就是往深处想这么一小步并付诸实施，让设想和行动合二为一。创新不是太难的事情，只要用心就可以创新。

创新往往都是被逼出来的。有这样一句话：没有笔直的路，真理多是弯曲的，多想多做是接近目标最快的办法。按照创新的程度，可以分为模仿、再造、创造，与之相对应的是模仿、再造、创造三种能力，深想一层、多走一步，日积月累，自然能达到令人仰望的高度。

创新需要一定的能力基础，更需要开动脑筋，下足功夫，各行各业都需要有这样的认知。曾国藩曾经感慨道："其铜铁、树木等，一经洋人琢磨成器，遂亦精曜夺目。因思天下凡物加倍磨治，皆能变换本质，别生精彩，何况人之于学？但能日新又新，百倍其功，一何患不变化气质，超凡入圣？”

知行之所以难合一，就是怕麻烦，思想上如此，行动上也这样。有人总说，这主意我怎么没想到？那是因为你不去想。还有人说，这个主意我早就想到了，可没有去做。正因为大家都有惰性，多想一步，多做一点，才有了价值，才有了创新。

创新的好处毋庸置疑，但是不能为了单纯求新而“创新”，创新是建立在需要基础上的，创新不能脱离实际，创新是否真正有用要用实践来检验。

创新是时代进步的标志。一个单位要发展，需要不断创新，推动工作模式、工作方式不断进步。个人也要不断创新，通过深入的学习与思考，深入领会创新的内涵，让自己每天都有新的开始。只有保持不自满、不懈怠、不停滞的状态，才能不迷失自己，让创新精神在工作中熠熠生辉。

阳明先生说：“必有欲行之心，然后知路，欲行之心即是意，即是行之始矣。路歧之险夷，必待身亲履历而后知，岂有不待身亲履历而已先知路歧之险夷者邪？”创新是时代进步的需要，深刻认识创新的重要意义，切切实实在工作中创新，是每个人需要关注的认知。

培育好作风

单位成立青年理论学习小组，经常组织开展交流研讨活动。我跟着参加了几次，看到这些年轻人个个思想开阔、充满激情，既肯于勤学苦干又敢于接受挑战，感觉很欣慰。

青年既是干事创业的生力军，又是未来发展的主力军。培养好青年人，使其迅速成长、成熟、成才，这是组织的重要任务，也是青年人自身努力的方向。个人认为，在精力充沛的黄金时期，青年人要努力的地方有很多，其中，加强自身修养，养成良好的工作作风就是很重要的一部分。

一、保持激情，务实行动

激情是干事创业的基础，朝气蓬勃、满怀激情是青年人的良好品质，但是空有激情而不付诸行动就显得浮躁。有位哲人说过，世界上最远的距离，既不是太平洋的宽度，也不是宇宙的深度，而是一个人从头到脚的距离。这句话包含着深刻的哲理。干工作眼高手低不行，静下心来才能踏踏实实地把工作做好。大事做不了小事又不做，是青年人的大忌。青年人的优势在于精力，精力持久才能做好工作。只有端正思想认识，始终保持工作激情，不忘初心，慎终如始，养成务实于行动、勤恳于工作的工作作风，才能锤炼好品格，持续成长进步。

二、“举轻若重”，尽力而行

路不远不知马之良，任不重不识人之才。多数人在年轻的时候干了大量的辅助性工作，这是一个必经的阶段。只有把基础性的工作做好，把基本的事情做好，做好基本功，才能有更加广阔的发展舞台。很多人都听过“当一天和尚撞一天钟”，但是撞钟也大有学问。有这样一个故事：一个小和尚接到撞钟的任务，认为这是一项很简单的工作，每天按时把钟撞响就完事了。但是不久以后，他就被调到后院去劈柴挑水了，对此他很不理解。方丈解释道，钟虽然撞响了，但钟声空洞乏力，这是因为你没有领悟到这项看似简单的任务所含有的深刻意义。钟声不仅是寺庙里作息时间的准绳，更重要的是唤醒沉迷的众生。因此，钟声不仅要洪亮，还要圆润、浑厚、深沉、悠远。这个故事很有借鉴意义，任何工作都有背后的价值，该用功时不下力，浅尝辄止，就可能像小和尚一样撞不好钟，无法满足现有岗位职责的要求。

三、正视困难，勤于历练

每个岗位都有其独特之处，要想干好都可能有压力，做出成绩不是那么容易的事情，工作就需要克服各种各样的困难和挫折。刚开始参加工作，都有个熟悉、熟练的过程，遇到的困难和问题都可能会很多，不仅有来自外部的，还有来自自身的。作为青年人，需要认真思考怎么把本职工作做好，怎么把人生规划好，把能力磨砺好，在急难险重的工作中，要把困难和挫折看作锻炼自己的机遇，有知难而进、迎难而上的决心。工作中的历练机会经常是可遇不可求，敢于迎难而上的人，就有机会得到学习提高，也可能因此多了新的机遇。

阳明先生说："君子之事，敬德修业而已。虽位天地、育万物，皆己进德之事，故德业之外无他事功矣。"加强道德建设，淬炼工作作风，提升工作境界，是队伍教育的重要内容，更是个人学习成长的重要部分。

修行在个人

同年毕业的几个年轻人，到同一个单位参加工作，最开始大家都积极上进，充满朝气，没想到几年之后，他们的表现却拉开了差距：有的依然工作踏实，积极认真，在自己的岗位上都能独当一面了；有的变得懒散了很多，年龄不大却一副老气横秋的样子，推一推才动一动，完全没有了最初的工作激情。

从入职时的朝气蓬勃到后来的暮气沉沉，看起来起点一样的一批人，为何仅仅几年就发生这么大的变化、产生这么大的差距？究其原因，大概有以下几方面：有的人可能本身就是比较懒散的风格，只是初入职场时有个新鲜劲，等新鲜劲过去了便恢复了本色；有的人刚来的时候是个好苗子，但所在科室风气不正，“近朱者赤，近墨者黑”，逐渐“长”歪；还有的人说是因为周围同事太优秀了，给了自己压力，自己没有施展才华、崭露头角的空间，也就不再想奋斗，干脆选择躺平……

一个人的成长成才由多方面因素决定。作为职场人，如何慎终如始，保持积极的心态，让自己不断成长进步，几乎没有固定的答案，所谓“仁者见仁，智者见智”。从辩证的角度看，内因是变化的根本，正如孟子说的：“梓匠轮舆，能与人规矩，不能使人巧。”能工巧匠能够教给别人规矩法则，却不能够教会别人技巧。多数的技能可以言传，但是最巧妙的地方要靠自己去琢磨、领悟。因此，从责任主体上说，个人的因素应该是最主要的，正所谓：“师傅领进门，修行在个人。”

初入职场，培养正确的工作认知非常重要，特别是该学什么、怎么学，心里要有数。保持好初心，向优秀的同志学习，接收正能量信息，学习正向行为，对个人发展大有裨益。通常来说，每个年龄段都有不同的思想认识，各有所长，相得益彰。年轻人有年轻人的朝气，年长者有年长者的智慧，各个年龄阶段有不同的思维模式、学习方式和工作思路。年轻人经历和阅历不够，要多学、多看别人的长处，这样才能学到别人身上的长处。

优秀是由一些好习惯组成的。每个人身上都有可学之处，有的可以学一世，有的可以学一时。把握好自己的努力方向，多学一些对自己有益的东西，少沾染别人身上的不良习气，警惕自己的不良习惯倾向。《菜根谭》里有句话：“势利纷华，不近者为洁；近之而不染者为尤洁。”成为优秀的人需要闯很多关，过得了负面关是其中很重要的一环。工作、生活中，一定会遇到负面的事和带给你负面影响的人，对其敬而远之最好，如果身不由己，必须身处其中，也要尽可能地守住初心，坚守内心底线和原则。在走向优秀的道路上，没有人一路坦途，只有经得起风雨，才能见到彩虹。

一个好的单位集体，应该尽可能多地给予新人帮助，为新员工创造好的成长成才的环境条件。有的单位，在新人入职以后，会专门开设一堂注意事项提醒课，要求大家本着对自己负责的原则，在学习老同志经验做法的同时，辩证认识哪些该学哪些不该学，确保取其精华去其糟粕，始终朝着正确的方向前进。这从一定程度上为新人设置了边界，界定了大原则，很值得学习、借鉴。

阳明先生说：“道之全体，圣人亦难以语人，须是学者自修自悟。”工作中的成长进步主体责任在个人，我们要“正心诚意”，保持好初衷，带着自我良性成长之心，坚持走正确的道路，让自己逐步向好。

共好事

同德则同心，
同心则同志。
——《国语》

团队精神很重要

单位承办现场会，参观地点内容较多，准备工作时间紧迫。筹备会上，有几项任务不好明确职责，一位同事主动请缨，给大家减少了不少压力。这位同事的团队精神让大家刮目相看，在他的带动鼓舞下，大家积极投入，通力协作，按时完成了各项准备工作。

所谓“团队”，就是团结的队伍。团结是一种文化，是一种资源，也是一个团队的无形资产。团结并不是人云亦云，随波逐流，搞无原则的团结，而是为了共同目标的协作，是一种积极向上的氛围，是需要大家齐心协力维护的团队精神。

思想统一是团队精神的关键。只有形成共同的目标，协作才有了方向。这种团队精神在工作中能促进相互理解、相互体谅，能相互关心、相互尊重，在意见发生分歧时，能立足于坦诚沟通，力求相互谅解，达成共识，即使认识上有不一致，也能求大同存小异，为了共同的集体使命，向着目标先干起来。

团队精神来自每个成员的正确认知。一个优秀的群体，需要一种精神、一种理念来支撑，这是被实践反复证明了的。任何一个单位，要想不断地发展进步，都需要有精神理念来支撑、引领。一个单位能够做到行业部门领先，核心的东西是精气神，这是多年积累的内涵，是短时间学不来的。维特根斯坦说：命令和执行之间有一道鸿沟，它必须由理解来填平。工作当中，真正起作用的是理想信念、道德情操等内在的精神力量。这种力量是事业发展的核心力量，只有正确认识到这种力量，才能有意识地把这种力量在工作中加以运用，有力推动团队协作工作的开展。

团队精神是做事合作的关键。一个人没有团队意识难成大事，一个集体缺乏团队精神走不远。古人说：千人同心，则得千人之力；万人异心，则无一人之用。古往今来，成大事者多数是靠团队协作取得成功。刘备桃园结义后，靠着诸葛亮的辅佐和兄弟的支持，汇聚了各方人才，最终由小变大，由弱变强，最终成就了一番事业。一个人不够强大没关系，在一个团队中相互学习，相互吸收借鉴，就能让自己和团队都变得足够强大。如果一个团队的每个人，都能多站在集体的角度去考虑问题，多从大局上定位个人使命，凡事讲求团结协作精神，这个团队就一定会善作善成、无往不胜。

阳明先生说："若一家之务，或营其衣食，或通其有无，或备其器用，集谋并力，以求遂其仰事俯育之愿，惟恐当其事者之或怠而重己之累也。"意思是干工作好比做家务，有的负责衣食，有的去经营买卖，有的制造器物，大家团结合作、齐心协力，以实现整个家庭的愿望，所有人都怕自己做不好事情，因而都特别尽心尽力。

"众心一散，不可以复合；事机一去，不可以复追。"工作中，每个成员都要重视团队精神的重要性，无论做什么事，只要懂得互相帮助，懂得互相借力，懂得团结协作，就能减少组织内耗，以最快的速度到达目标，共同促进工作持续发展。

协作出效果

单位代表市里参加省级业务技能竞赛，比赛前一天临时接到通知，增加了演讲环节，还要制作视频短片。为了确保竞赛效果，我们紧急召开协调会议，安排有演讲经验的同事指导，有关科室全力配合提供素材，宣传部门负责后期视频制作，后勤等部门做好场地设施等配套服务。在大家的共同努力下，最终在全省60多家单位中脱颖而出，荣获了一等奖。在赛后总结会上，参赛选手有感而发，表达了对全体参与人员的感谢，并把“团结协作”作为这次获奖的主要收获，大家深有同感。

团结是协作的前提，团队成员间的目标一致思想统一，就会释放善意和友好，相互间就多了融洽和互谅，产生良性互动，协作好了，力量就会同向，工作就一定能干好。古人云：“二人同心，其利断金；同心之言，其臭如兰。”团结协作，既是思想认识问题，又是工作方法问题，认识到位，方法得当，效率高了，工作起来自然事半功倍。

一、团结协作是会产生亲和力的

很多时候，部门之间、岗位之间职责并不能分得特别清晰，边界并不能做到特别的泾渭分明，需要相互补位相互帮衬才能共同把工作做好。只有保持团结协作的意识，在具体工作中主动承担，在责任区的空白地段及时补位，才能确保工作顺畅，任务落地实施高效快捷。每个部门以及每一名工作人员，如果都能树立团结协作的理念，无论这项工作是不是属于我，只要是没有别的部门承担，只要领导或组织指派给了我，就力所能及地努力做好，就会无形之中给团队带来亲和力和黏附性，大家也都会主动靠上积极分担。更多的人拥有这样的思维认知，整体工作就会干起来顺利，大家做起来舒心，成效自然凸显。

二、团结协作体现的是利他心

能经常站在他人的角度和集体的利益去考虑问题的人，拥有一颗金子般的利他之心，善于换位思考，能够默默付出成就别人。这种利他的工作品质会促进团队协作，营造融洽的工作氛围，这种氛围下一定能把工作干好。如果仅站在自己的角度考虑问题，事情对自己有利的就干，对自己没利的就不干，必然是各自为政，精力分散，一盘散沙，也就难以形成和谐的协作关系，不利于工作的开展。

三、团结协作应该是有原则的

团结并不是人云亦云，随波逐流，也不是无原则的团结。而是一种积极向上的，为了共同进步的，为了团队利益和单位发展的，为了更有利于工作协作配合的团结。在工作问题上相互理解、相互体谅、相互支持、相互补台；意见发生分歧时，要立足于疏导，立足于统一思想认识，共同努力达成共识，实在达不成共识的，也要本着相互尊重原则，求大同存小异，最后以工作目标为共同目标，携手共赢推进工作落实。

阳明先生说："盖其心学纯明，而有以全其万物一体之仁，故其精神流贯，志气通达，而无有乎人己之分，物我之间。"每个人的努力都是为了实现整体的作用，做出自然而然的反应，这是因为心地纯粹明白。工作中相互支持，相互补台，紧密配合，团结协作，营造风正气顺心齐的干事氛围，这是工作中需要不断巩固的良好认知。

感恩是一种境界

参加座谈交流，几位同志在发言中都提到了“感恩”这个词，他们结合自己的工作体会，谈到单位对他们的支持和培养，情感真诚，举例真实，让大家感同身受，很受触动。感恩是一种境界，是较高层次的心得感悟，在工作中怀有感恩之心，是一种难得的境界、品质。

干好工作，需要很多品质素养，如积极、朴实、勤奋、正直、善良等，在所有的要素中，感恩是最淳朴的品质。感恩才会心安，心安才能行稳，行稳才能致远。

人生在世，谁也不可能离开社会而独自生存。常怀感恩之心，受了恩惠知道报答回馈，就是有良知。每个人都要工作劳动，工作带给我们很多，不论是工资收入带来的价值感，还是工作成就带来的获得感，抑或是成绩褒奖带来的荣誉感，同事共事的亲密感，还有安全感、满足感等，都值得感恩。

一、感恩是一种认知模式，需要不断思考调整

人一上百，形形色色，不仅人会各种各样，事也会各种各样。出现一些不和谐因素，在所难免，同事间相处久了，有摩擦、有意见、有不平也是正常的现象。最傻的人和事，莫过于吐槽单位、吐槽工作。在一个单位里经常传播负能量，吐槽单位，路会越走越窄。傲慢、任性、自私，会把一条条的宽路慢慢变成一座座窄窄的独木桥。常怀感恩之心，能够有效消除这些狭隘，获得更多帮助，感恩是工作发展、个人成长进步的助推力，懂得感恩会让人有更多的获益，也会让人更幸运。

二、感恩是一个人前行的内在力量

一个人在步入工作之后，若能顺风顺水地发展，肯定有幸运的成分，但是在幸运的背后，也一定有无数心甘情愿的付出。真正在工作中尽心尽责的人，多是内心充满感恩意识的人，他们明白，拥有就是获得，超过了本分的获得，

就是恩。他们感恩这一切，并以用心工作来回报。所有的积累，一点点的量变引起了质变。

三、感恩是内心的感觉

工作人员要有更深一层的感恩意识，努力提升个人修养，对人知感恩，对事知用力，对己知克制，对物知珍惜。要以感恩之心待人待己，多些体谅和包容。始终抱有感恩单位、感恩集体之心，工作起来就会真心用力，用力工作才能取得更好的工作成效。

阳明先生说："良知不由见闻而有，而见闻莫非良知之用，故良知不滞于见闻，而亦不离于见闻。"感恩是良知在日常中的体现，常看、常想自己所拥有的，感恩自己得到的，感恩单位和他人给予的，所有好运气就会不断汇集到身边，一个人也就会行稳致远。

在互助中共赢

朋友的饭店开在美食城，周围大大小小的餐馆几十家，对门的饭店生意十分红火。有次去朋友的饭店吃饭，无意间看到朋友竟然让去对门吃饭的客人把车停在自己饭店门口，我们一行点赞朋友的大度，朋友却说从对门那里学到不少经营方法，竞争当中大家也要互相支持，谋取共赢。这让我又学到了新的认知理念。

工作、生活中，常会遇到竞争者，这些处于对立面的人，通称为对手。既然是对手，必然存在利益纷争，因此给对方使绊子，盼着对方不顺利，成为很多人一种心态和想法。其实仔细想来，有时让对手好对自己来说也是一件好事。一般来说，一个人自己过得不如意，就会看周围不顺眼，容易把情绪撒在别人身上，甚至迁怒于不顺眼的人。而自己如果过得好，各方面都顺心如意，看周围就会更顺眼，对自己的对手也会多些友善。因此，从这个角度来说，盼望对手好，让对手过得好，是对自己的一种保护，也是一件互利共赢的好事。

在单位中，推荐干部也是如此，如果对手比自己优秀，必然会赢得更多人的支持。如果能抛开个人恩怨，客观地评价对方，让真正优秀的人得到提拔重用，后面的同志才有更多机会。刘震云曾说，生活本没有输赢，但如果你有了胜负心，那就便是输家。有时候，让对手过得好，既是成全了对手，也是给自己的成功创造机会。

有竞争就会有对手，工作中有对手很常见。工作、生活中，学会与周围和解，与自己和解，盼望别人好，是最直接的转变和开端。一个人的成长进步，靠的是组织的培养和自己的努力，而不是靠压制、贬低他人。只有自己变得更优秀，自己才能凸显出来。看不到别人的长处，见不得对手好，只会羡慕嫉妒恨，是一种最无知的行为，是有百害而无一益的心态。

有希望别人好的心态，说明你在认知和格局上实现了超越。希望对手好，实际上是在锻炼让自己好的能力，积攒助人助己的力量。人和人之间观点、认识不同，有矛盾分歧是正常的。多发现别人的优点，多学习他人的长处，辩证、客观、全面地看待一个人的能力和实力，希望他人好，即使达不到共同进步的理想境界，也会相互成就、各有所得。

工作中竞争的最高境界是和而不同，实现共赢。没有永远的对手，盼望对手好是一种境界，帮助别人向好，看似是为了别人，实际上也是为了自己，这是一种智慧。公平是最光明的事情，客观是最恰当的对待，害人之心不可有。而希望对手好，能省去很多的戒备和防范之心，只需将功夫用在自我提升上即可，这样更能加快进步的速度。有人说，要警惕那些使你与外界为敌的做法，不管它看起来多么合情合理。这是因为人是社会动物，善意、开放、大度地融于周围，才能使你获益最大。有时候成就对手是实力和格局的体现，双赢、多赢或许是生活中最好的思路。

阳明先生说："专涵养者，日见其不足。专识见者，日见其有余。日不足者，日有余矣。日有余者，日不足矣。"竞争并不可惧，可惧的是没有面对对手的良好心态。给比自己弱小的竞争对手留出路，向比自己强大的竞争对手学生存，从共赢的站位看问题，会给自己带来更多的进步机会。

前辈是老师

一个偶然的机会，遇到了多年前的一位老领导，这位老领导是我刚工作时的科长，也是我参加工作后的第一位直接领导，当年对我很关心。老领导退休后，回老家颐养天年，我与他已好多年没有见面，这次偶遇，倍感亲切。回忆起过往经历，想起那些给过我帮助的前辈们，我内心充满了感激和想念。

每个人在成长过程中都会遇到不同时期的上级和领导，从初入职场时的带教老师，到所在科室部门的负责人，再到单位领导，都是工作中的老师。他们虽脾气秉性、工作作风、工作能力、心胸格局各有不同，但总能从不同侧面、不同程度教给我们很多东西，让人受益一生。他们可能给过我们很多指导教诲，教给我们做人做事的道理、不同岗位的知识技能、具体的工作方法和技巧，还有统筹决策的素质能力等。他们可谓我们工作中的领路人。他们给予我们的积极影响，让工作的色彩更加明亮，让工作中的我们始终感到温暖相伴。

一、学到了正直

学校毕业后，先分配到企业工作，所在部门的老科长和分管领导都是非常正直的人。他们作风朴素，待人真诚，为人正直，工作以身作则，看起来很亲切，也很让人敬重。一起参加工作的同事，来自不同的成长环境，性格脾气、处事风格各异。两位领导对我们一视同仁，既严格要求，又豁达包容。他们待人总是温和可亲，安排工作循序渐进，年轻人的一点点努力总能被他们看到和肯定，偶尔批评也是点到为止，让人感受到实干的价值。后来，换了几个单位，接触到不同的领导，也都和老科长有着类似的作风，我从他们身上学到了很多做人的道理。这些经历，如同电视剧《岁月》的独白，一个刚刚走出校园的年轻人，经历成长的阵痛，艰难而曲折地走向成熟……值得庆幸的是，最终从朋友和师长们身上看到了坚守正直的永恒价值……也终于悟出了其中的道理：不管站在人生和社会的何种位置，一个人的良知，他的正直和善良，既是人生的底线，也是生存的全部价值。他们是工作中的启蒙老师，对我后来职业生涯的风格定位，起到了关键性的引领作用。

二、领会了方法

参加工作几年后，我逐渐熟悉了本职业务，经常得到所在部门领导的表扬，一度有些飘飘然。一次，领导让我起草一份报告。本来以为是最基础的文书，几百字的篇幅不长，一下笔才发现不容易，写了几遍都不得要领，又不知道哪里不对。折腾了几天，才勉强定稿报给领导。当时的老领导看后，耐心讲解了此类文书的拟稿要点、表述的通用方法，当场稍做修改，文稿就理顺通畅了很多，真是醍醐灌顶。在后来的工作中，我开始注意学习领导们的经验做法，另一方面认真总结自己的心得，为今后的工作打下了坚实基础。如果当时没有人手把手指点，自己不知道要走多少弯路，晚明白多少年。想起这些点点滴滴，由衷地敬佩老一辈们无私的倾授，也发自内心地感恩他们的"传帮带"。一个单位一个科室，都需要"传帮带"的传承，需要手把手地教，放手不放眼地带，把工作中积累的经验传给后人，让年轻人少走弯路，尽快成长。同时也需要培养好继承人，让团队业务不断精进，助人助己，善贷且成。俗语说"读万卷书不如行万里路，行万里路不如名师指路"，只有代代"传帮带"，才能处处有人才。

三、开阔了视野

人生如逆旅，我亦是行人。随着工作时间和年龄的增长，经历了多个岗位变迁，特别是在综合部门工作，经常近距离与不同的领导接触，有了更多的学习提升机会。领导们大多都有着清晰的工作思路、丰富的工作经验，对于该做什么，不该做什么，做事的时机，做到什么程度，都有比较明确的判断和定位。他们站位比较高远、看问题有全局观念、能把握国家政策改革方向，所以处理问题往往能切中要点，做决策时判断相对准确。这几年的耳濡目染、近距离学习受教，切实打开了眼界，自感受益匪浅，从学习到实践也有了不少收获和进步。只有更大的心胸格局才能适应更多的角色定位，更高的岗位需求，才能更准确地把握工作方向和工作思路，有能力处理更加复杂的问题。

阳明先生说："你看满街人是圣人，满街人到看你是圣人在。"工作是一个"传帮带"的过程，谦虚是工作进步的基石，信赖是施展才华的助力。带着一颗诚恳感恩的心与前辈们共事，一路走来会遇到更多的良师益友，也会收获更快的成长进步。

回应是个好习惯

有书刊发了一篇文章《有一种尊重，叫做“收到请回复”》，文章写道，收到他人的消息，能否及时回复，才是考验人品的最佳利器。收到回复，是一种态度；收到回复，做事才靠谱；收到回复，折射的是人品。这篇文章点击量较高，留言讨论也很热烈，可见很多人都有同感。

如今是全民手机的时代，手机随身携带，微信 24 小时登录，收到信息后及时回复，如同见面打招呼时的点头回应，这是一个礼仪常识，也是基本的素养。

日常生活中，我们大都有类似的经历和感受：给别人发送的消息，没有得到及时回复，就会时时挂在心上。但凡发送消息，都盼望有个结果，能得到回应。得不到回应，事情只是完成了一半。就像邀约聚餐，信息发出后，有人没回复，到底收到没有，参加不参加，就很难确定。再如微信群里发了会议通知，没有回复的人，到底看到没看到，结果就比较模糊，是否到会不能保证。本来是很简捷的沟通方式，就因为不能及时回应，往往变得烦琐，浪费了时间、精力。

收到信息通知及时回应，能够让发信息的人心安，道理浅显简单，也很容易理解。生活中还有很多情形，也需要及时回应。比如课堂上不仅要认真听讲，还要积极回答老师提问，才能学得扎实牢固；会议中专心听讲，适时通过眼神或鼓掌互动，既能准确领会会议精神，又是对讲者的尊重，还能鼓舞讲者的激情；交谈时认真倾听，及时反馈确认，方能准确接收对方意图，实现高效沟通。这些场合都需要有所回应，还要及时回应，才能达到好的效果。由此可见，回应更多的是一种要求、一种礼仪、一种恰当的互动。在某些特定场景下，只有及时回应，才能够有所得，从而实现有效的合作双赢。

一、及时回应是心在当下的表现

有人习惯一参加集体活动就埋头做自己的事，究其原因，除了对活动内容不感兴趣，主要是心不在当下。比如观看演讲比赛，会场座无虚席，演讲精彩纷呈，但回应的掌声并不像预期的那样热烈，原来是有一部分人根本没听演讲。这些人低头做自己的事，脱离了当下主题，没有关注演讲，自然就不能在精彩处及时掌声回应。

二、及时回应是厚道务实的心态

有人说所谓“厚道”，就是做人内外一致，心口合一，做事有始终，事后有回应。所谓“务实”，就是该干吗的时候干吗，开会的时候就认真听会，上课的时候就认真听讲，工作的时候心就在工作上，休息放松的时候确实身心放松。如果干着这想着那，心不在焉，就会本末倒置，顾此失彼，很难做到事事有回应，件件有着落。

三、及时回应是共情能力的体现

所谓共情，就是指同理心，是通过理解和分享他人感受，能对他人处境做出适当反应的能力。会共情的人，善于换位思考，能理解他人的需求和感受，而不是盲目的自以为是。懂得共情的人，能及时回馈他人的需求，能很好融入当前的环境，适时调整自己的角色，恰如其分帮助他人而不越位，适时地给予别人温暖。付出得不到回应，会感觉心理不平衡，产生委屈和抱怨；需求得不到回应，时间久了会郁结不畅，影响身心健康。因此，无论待人还是对己，对别人的需求要及时回应，对自己的需求要及时感知，才能保持内心的安定和与外在的平衡。比如找同事沟通工作，如果对方积极回应，用心反馈，就会有好的沟通效果，这既是一种共情能力，也是一种必要的工作礼仪。

偶尔不回应，只是个例；经常不回应，则会成为问题。任何一个行为都有其惯性，可能因个人的某些习惯，很多事情就有了注定的结果。正如文章里所说，收到请回复，既是一件小事，又是一件大事。它小到可能不足两秒，微乎其微，却又大到关乎人品和尊严，关键时候还可能成为机遇。能够回复的，尽快回复；应该回应的，及时回应。既能尊重他人，更能成就自己。

阳明先生说：“善念发而知之，而充之；恶念发而知之，而遏之。知与充与遏者，志也，天聪明也。圣人只有此，学者当存此。”事有所需，我有所应，此时所需，我即有应，回应是个好习惯，是很好的知行合一。

信念凝聚力量

相信好多人都听过这样一则水泥广告——我们生产凝聚力。这句广告词非常贴切，形象生动，既便于理解，又符合产品实际。水泥是一种黏合剂，与水发生反应后产生水泥胶体，在固结过程中不断结晶、凝聚，形成致密的水泥石体系，最后把石子、沙子牢牢固定，凝聚成坚硬的整体。广告把水泥的黏合作用比喻成凝聚力，让人耳目一新又能感受到强大的力量，令人记忆深刻。

团结才有力量，这个道理几乎人人都懂，要真正团结起来做好一件事却并不容易。每个人都有个性，把所有人都团结起来，让大家心往一处想、劲往一处使，就如同把石子、沙子和钢筋等融合成一体，需要水泥这种特殊的材料，才能产生强大的合力。一个团队想要拥有强大的凝聚力，需要拥有信念坚定的人，产生凝聚作用，集中统一思想，让大家紧紧团结在一起，激发共同的热情，从而迸发出强大的力量。

所谓“信念”，就是自己认为正确并坚信不疑的观点。西天取经的故事经常给人以启发，其中就蕴含着唐僧坚定不移的信念力量。唐僧师徒四人各有缺点，一路吵吵闹闹、分分合合，最终却实现了共同的目标。唐僧没有过人的本领，却领导三个武艺超群的下属，凭什么？凭的就是坚定的信念。唐僧就是师徒四人中的黏合剂，他凝聚了团队的力量，保证了取经的正确方向。只有唐僧当领头人，才能团结一致、不畏艰险、克服重重困难，最后取得真经、修成正果。

信念凝聚力量的现象在自然界也多有存在，蜜蜂就是昆虫界合力抵御强敌的典范。大黄蜂是蜜蜂的死对头，大黄蜂可以轻而易举地杀死蜜蜂。为了抵抗天敌的袭击，保卫蜂群，蜜蜂进化出一个不为人们所熟知的“秘密武器”，用以抵抗体形是其几倍的大黄蜂：每当发现大黄蜂入侵时，负责防卫的蜜蜂就一拥而上，将大黄蜂“抱”成一团，每只蜜蜂通过收缩飞行肌产生微弱热量，众多蜜蜂产生的热量不断汇集，中心温度持续上升，刚好能将大黄蜂“捂”死。每次战斗，冲锋在前的蜜蜂都有不少伤亡，但是保卫蜂巢的本能信念让所有蜜蜂始终牢记防卫责任，这种凝聚起来的力量，最终战胜入侵的敌人，让蜂群得以继续生存。

身边也有很多这样的典范，他们目标明确，并对完成目标抱有坚定的信念，用持久的热情和足够的耐心，凝聚团队的力量，引领大家团结协作、共同努力，取得工作中一个又一个好成绩，带领团队不断进步。特别是在领导岗位上，经常会遇到这样或那样的困难和挑战，工作推进中也会遇到阻碍，如消极怠工情况，只有保持“咬定青山不放松”的工作信念，关键的时候冲锋在前，大家懈怠的时候指引方向、坚定信心，坚持做工作团队的“主心骨”，才能调动好团队的向心力和凝聚力，带领大家取得好的工作业绩。

信念即心力，即志向，是扎根于内心的认知。信念的力量是无穷的，拥有信念，就有明确的方向，就可以不惧怕暂时的失败，不在意外来的干扰，信念是完善自己的不竭动力，是强者的力量。团队凝聚力来自共同的信念，信念会产生内生的责任，把每个成员的思想统一到共同的目标上来，让大家自发自觉、心甘情愿地付出努力。树立信念，培养信念，是团队工作中非常重要的课题。

阳明先生说：“夫志士仁人皆有心定主而不惑于私者也。”所谓“志士仁人”，都是心力强大、信念坚定、不轻易被私欲迷惑的人。每个单位都需要信念坚定的人。强化信念意识，凝聚集体力量，是共同做好事情的基石。

靠谱很有用

去同行单位参观学习，看到专门设立的知行讲堂，里面布置了关于“知行合一”的若干内容，有名家论述，有具体事例，图文并茂，内容丰富，有看头有学头，感到非常新颖。这种把知行理念和工作实践结合起来的做法，让我们对“知行合一”有了更深刻的领悟。

“知行合一”是阳明先生针对知而不行、知行分离的认知观念提出的良方。阳明先生提倡的“知行合一”，主要目的是：“正要人晓得一念发动处便即是行了。发动处有不善，就将这不善的念克倒了，须要彻根彻底，不使那一念不善潜伏在胸中。此是我立言宗旨。”因此，他积极倡导“知”“行”一致，以“知”促“行”，以“行”促“知”，力求实现做人和做事一致。实际上，“知”“行”都是思想深处的东西，只有真正从心里领悟，才有可能让“知”和“行”合而为一，否则“知”也不知、“行”更难行。

“知行合一”理解起来不难，实际做起来却不容易，用通俗的语言解释，最合适的词是“抓好落实”，最接地气的莫过于“靠谱”。所谓“靠谱”，从工作层面讲，就是落实有措施、件件有结果、事事有回音。在日常工作中，遵守规章制度，行为规范，办事遵章，工作积极认真，服从领导，听从指挥，坚持做好该做的工作，这就是靠谱。对安排的工作任务，有思考，有措施，有落实，有反馈，能够有始有终、善作善成，这也是靠谱。反之，就是不靠谱。如果不能坚持做好，或者从心里不以为意，行为上就会有偏差，就会由“知行分离”发展为“知偏行错”，就会表现得不靠谱。

由此可见，“知行合一”体现在工作的方方面面，按时上班是知行合一，认真参会是知行合一，用心工作是知行合一……从小事“知”起，从小事“行”起，在生活中积累，在工作中践行，其重要价值有时远远超越个人能力。因此，有人评价，靠谱比聪明更重要，是当今社会对一个人较高的评价。靠谱就是做事有始有终，过程让人明白，结果让人放心。一个人靠不靠谱，需要从工作能力、计划、反馈和效果多个方面综合考验。靠谱是一个人品格素养的重要组成部分，是在性格基础上养成的行为习惯，对一个人立身处世有深远而重要的影响。

阳明先生说：“除了人情事变则无事矣。喜、怒、哀、乐，非人情乎？自视、听、言、动以至富贵、贫贱、患难、死生，皆事变也。事变亦只在人情里，其要只在‘致中和’，‘致中和’只在‘谨独’。”任何事情都是历练的机会，要想干好工作，踏踏实实比什么都强。工作中捷径不少，靠谱是最简单的一条。靠谱是最基本的工作素养，也是最实在的知行合一。

心中有敬畏

看了一篇《缺少敬畏，比无知更可怕》的文章，该文辩证分析了敬畏之心对人的重要作用，总结了一个人拥有敬畏之心的诸多益处，揭示了缺少敬畏之心的诸多弊端，读来深受启发。想想工作中的许多无知现象，多和缺少敬畏密切相关，更感到这篇文章用意深远。

文中表达入情入理：一个人只有敬畏生命，才会善待生命，珍惜生命，不游戏人生；一个人只有敬畏权力，才会审慎权力，不滥用权力，为非作歹；一个人只有敬畏法纪，才会知道学法、守法，不违规乱纪，藐视法律……

文中蕴含深刻道理：一个人的失败，往往不是输给对手，输给社会，而是输给自己，输给自己的无知，输给自己的狂妄，输给自己的自大，输给缺少一颗敬畏的心的自己。

文中所述情真意切：敬畏不是害怕，而是一种发自内心的敬仰和尊重，体现一个人素质与职业修养。懂得敬畏的人，必将是一个值得敬仰和尊重的人，也是一个做事靠谱的人。

所谓“敬畏”，就是人类对待世间万事万物的一种态度。“敬”为尊敬，“畏”为畏惧，合在一起是“既尊敬又畏惧”。“尊敬”这两个字是后天修为，“畏惧”这两字则与生俱来。一个人只有心存敬畏，才会走得稳、走得远。敬畏之心是一个人最起码的素质，对权力、法度、道德有了敬畏，人的内心深处才会时刻筑牢不可逾越的堤坝，这是人生的底线，有了这条底线，做人的底线才不会失守。

做人做事，从敬畏开始，方能善始善终。古人对此就多有见解：“成大事者，均有所敬畏。所谓大无畏者流，实不过莽夫耳”“君子有三畏：畏天命，畏大人，畏圣人之言。小人不知天命而不畏也”“心存敬畏，方能行有所止”。知道敬畏，懂得敬畏，是君子的处世之道。在别人看不到的地方也能恪守规矩，怀有恭敬之心，这才是真正的正人君子。比如在没有监控、没有车辆行驶的时候，也不闯红灯；在没有人监督的地方，也要自觉保持环境卫生等。一个缺少敬畏之心的人，做人做事无底线，什么事都敢做，什么话都敢说，必然会受到生活的惩罚。

阳明先生说：“夫君子之所谓敬畏者，非有所恐惧忧患之谓也，乃戒慎不睹、恐惧不闻之谓耳。”保持敬畏慎独之心，在任何时候都能够做到自警自省，慎独慎微，才能行稳致远。

此心光明干工作

单位组织文艺演出，在临近正式演出的时候，有名队员因事不能参加，安排我替补。跟着排练了几次，总感觉不如其他人表现好，就想打退堂鼓，在队友们的鼓励下坚持训练，最终完成了比赛，取得了理想的成绩。仔细回想这个过程中的心理变化：刚开始打退堂鼓，很大成分是因为过于看重自己的面子，是私心在作祟；后来把上台表演作为一种历练，重要的是与团队协作，减少私心私欲的干扰，全身心投入具体的动作训练，心态放平了效果自然就好很多。

工作和生活中，经常遇到类似的情况，面对一些事情，难以决策，心中有意向，也知道什么是对的，却选择退缩，主要是担心得不到预期的效果，自己白白付出，不愿迈出这一步，甚至会找一些借口来推托。分析原因，多是从自己的得失来想象结果，良知被私欲遮蔽，以致患得患失。就像阳明先生所说："喜、怒、哀、乐本体自是中和的，才自家着些意思，便过不及，便是私。"

私欲经常会以一种强大的力量影响我们，按照本我的思维惯性去做事，便常在考验面前妥协投降。人们的私心不尽相同，但大致相似，比如好名之心、好色之心、好怒之心、好利之心，这些不同的心思让人有了不同的短板。"败莫败于多私"，失败的原因可能有很多，但是多数时候与私心有关。过于看重自己的利益，导致心不稳、神不定，不能客观看待事物，无法把握自己言行，必然会限制能力的发挥。

私心几乎无处不在，所有对外界的不满，所有的犹豫不决，也许正潜藏着私心的影子。人有欲望是正常现象，这是发展进步的动机，关键在于怎样把握好自己的动机，不要让自己为欲望所控制，更不能让私欲无限膨胀，否则就会为其所控制。被小的私欲控制，会不再坦荡磊落，做事患得患失；被大的私欲控制，会不再坚持原则，甚至走向极端。因此，要合理控制和调节欲望，让它成为前进的动力，但不能成为行动的主宰。

希望自己能够心底无私、光明磊落，这是高尚的愿望，也是一个高远的目标。现实中人们常被私欲包围，受到各种外物的影响，想恪守本心却身不由己。

有人说，看破生死，才能从容自若；心底无私，才能昂首阔步。这句话有一定的道理。作为普通人，克服私欲是非常困难的事情，去除私欲是一个慢功夫，我们不必妄自菲薄，也不要引喻失义。私欲要尽量克制，我们更要专注于自己的本心，合理有度地应对每一件事情，这也是知行合一。

在克服私心方面，陶铸说的“心底无私天地宽”，具有很好的启示意义。从前见到这句话，觉得很有警示意义，实际上一直理解较浅，也从来没有考虑过“心底无私”和“天地宽”有什么具体关系，这几年，通过学习理解“致良知”，才理解了难以选择、决策其实是私欲在左右本心，是在自己利益与他人利益之间摇摆。如果去除了这个私心，那么处理问题就没有那么难了。人心坦荡无私，那么这天地间的一切事物看起来都是宽广的，很多问题就能够迎刃而解了。“此心无私欲之蔽，即是天理。”人心即天地，天地即人心。登高才能望远，站得高一点，视野就更宽广，心宽一点，天地会更宽广。心中有光，处处是光，内心光明，处事也就光明。

阳明先生从小立志成为圣人，在成圣之路上，其对私欲有着诸多见解。他说：圣人之所以是圣人，只因为心没有掺杂丝毫的私欲，而至纯至精为天理。就像纯金之所以是纯金，是因为它的成色足而没有一点铜、铅之类的杂质。人要修养到心思至纯为天理时才是圣人，金子要炼到成色十足才是纯金。有个学生问阳明先生：“己私难克，奈何？”先生回答说：“人须有为己之心，方能克己，能克己，方能成己。”人要先有为了自己着想的心思，才能够克制自己，能克制自己，才能够使自己有一番成就。

关于如何克制自己，阳明先生也给出了答案：“然在常人不能无私意障碍，所以须用‘致知’‘格物’之功，胜私复理。即心之良知更无障碍，得以充塞流行，便是致其知，知致则意诚。”良知人人都有，是一种本自具足的内在力量。做到此心光明，需要不断地学习实践，反省自己，觉醒良知。心病还须心药医，良知是内心力量的源泉所在，面对一些荣辱得失，最可靠的还是听从自己的内心，遵循自己的良知，做真实的自己，这是心态光明最好的方式。有了这样的定力，才能目标坚定，达到“莫听穿林打叶声，何妨吟啸且徐行”的意境。

阳明先生说：“修己治人，本无二道。政事虽剧，亦皆学问之地。”工作其实就是在做事中修身养性的过程，修正自己和管理工作，本来就是一回事。每个人只有做好认知范围内的事情，提升自己的认知，心存善念，事上磨炼，担当实干，做到此心光明，工作才能一片光明。

格局大一点

在报纸上看到一篇文章《走出困惑需要大格局》，文章从青年人的困惑谈起，分享构建人生格局、突破自我束缚、走出困惑的感悟。困惑是日常生活中常见的现象，无论是青少年还是中老年人，都有着或多或少的困惑，这些困惑成为提升生活质量的障碍。这篇文章指出了解决困惑的办法，那就是构建大格局。这给了我很好的启发。

格局，本指艺术、建筑或机械的图案、形状、格式或布局，现代人多引用为一个人为人处事的方式，是眼光、胸襟和胆识等核心要素的内在布局，也指一个人思维的广度、做人做事的高度。有这样一句谚语可以形象地比喻格局：再大的烙饼也大不过烙它的锅。这句话的哲理是：饼的大小取决于烙它的那口锅。所谓的“锅”就是人的格局，而“饼”是指人的成就，可见格局对人的重要性。

人们对生活感觉的差异，很多时候取决于不同的格局。从一定意义上讲，格局是一个人的容量、气量、胸怀。格局大，容量多、气量大、胸怀广，自然就会站位高远，认识问题就会思路开阔。在同一件事情上的分歧甚至矛盾，多数和站位的高度有关。在这个价值多元化的时代，要想达到内心平衡和身心健康，就要有一种大胸怀，大胸怀才能有大境界，大境界才能有大格局，而一个人的格局正决定了其未来要走的路有多宽。

有格局的人眼光更远，更善于团队协作。格局小的人关注的多是个人的利益，而格局大的人更注重集体利益、长远利益和社会发展。大家共事，格局大的人会不拘小节，心胸豁达，乐于助人，凡事能从大局出发，从长远处着眼，不会过于计较个人得失。这样的人更会受到欢迎，也相应地会得到大家的拥护和帮助。《道德经》里说“天地所以能长且久者，以其不自生，故能长生。是以圣人后其身而身先，外其身而身存。非以其无私耶，故能成其私”，是说圣人因为无私反而更能成就自己。

拥有怎样的格局，就拥有怎样的命运。大格局者方向明确，有自己坚定的信念和做人原则，不易因外部因素而改变自己。小格局者目光短浅，常会有痛苦和迷茫，常会因一时得失而迷失自己。人生本无坦途，困难和挫折本是生活的常态，每个人都是在克服困难中成长进步。宽广的心胸能够稀释人生痛苦，看淡名利得失，保持平常心，输得起才能赢得起。

格局和人的知识、见识有着密切关系，对一个人来讲，格局在一定时期内可能是固定的，但是会随着学习的深入不断增大、随着阅历的丰厚不断延伸。“变化气质，居常无所见，惟当利害、经变故、遭屈辱，平时愤怒者到此能不愤怒，忧惶失措者到此能不忧惶失措，始是能有得力处，亦便是用力处。”唯有经历才有阅历，利害荣辱面前更能磨炼心性、考验格局。

俗话说“人生如棋”，如果把人生当作一盘棋，那么结局就取决于如何布局，在于如何走好每一步，在于如何看待得失。每一次博弈都在考验思路、眼光、胸襟、胆识，棋局的赢家往往有着不拘小节的度量、统筹全局的高度、运筹帷幄的方略。格局大，才能飞得高、行得远。

有人说，格局就是要超出普遍的认识；也有人说，格局多数和地位有关……格局体现在方方面面，一个家庭，有父亲的大格局、母亲的好情绪，家庭的运势必定顺遂通达；一个单位，领导有胸怀，职工有境界，单位的发展必定前程似锦。良知越积淀，认知越辩证，格局越广阔。

阳明先生说：“立志而圣则圣矣，立志而贤则贤矣。”格局的背后是志向，立大志才能做大事，树立一个高远的志向，让格局更大一点，路才能越走越宽。

人贵于自知

单位进行工作述职，几个部门负责人都总结了对同一项工作做出的贡献，有的描述得较为中肯实际，有的听起来夸大了不少，这让我对“自知”有了新的思考和认识。

工作和生活中，使用最多的一个字是“我”，很多情况下，最容易迷失的也是“我”。知人难，知己更难。我们有时会因为习惯于一定的环境和情景而忘记了自己真实的一面，失去了对自己的客观认知。古人说：欲胜人者必先自胜，欲论人者必先自论，欲知人者必先自知。自知是人生优化的第一步。保持清醒的头脑，知道自己的优势和劣势，是成长进步的前提和基础。

作为一名工作人员，要想不断接近自知，需要做到三个认清。

一、认清自己的强项

成功者之所以成功，常常不在于能力，而在于能够找到自己的优势，发挥自己的强项，把事情做到最好，在擅长的领域里达到一定的高度，取得成就。不少人认为自己没有强项，工作只能按部就班，创造不出亮点。其实，每个人都是人才，都有相对而言的强项和优势，都有自己独特的闪光点，只要找准方向，找对环境，潜能就会激发出来。从工作的角度讲，每项工作也都有优化、改进的空间。工作就是一个发现问题、解决问题的过程。每一项工作都是由大量的细节构成的，很多工作看似平凡和琐碎，其背后都大有学问，只要足够深入，都有改进和提升的空间，关键在于用心思考钻研，动脑筋去创造灵感，找出更加科学高效的工作方法。总之，只要善于发掘长处，找到自身优势，努力培育自己的强项，每个人都能做出成绩，成就一番事业。

二、认清自己的弱项

任何人都有缺点，也都有不足，都有一定的局限性。作家林清玄说过，我们什么时候能看清自己不如人的地方，那就是对生命有真正信心的时候。意识到自己的不足，才是自知的开始。我们既要知道自己的长处，更要清醒地知道自己的不足，不断反省改进，从而做到扬长避短。如果不愿承认自己的弱点，或者认为缺点无所谓，那么矛盾的次要方面则可能转变为主要方面，这些缺点和不足就会成为压制自己的“天花板”。知人者智，自知者明。个人的能力和见识都是有限的，凡事需要量力而行。没有能力认识自己的不足，没有勇气正视自己的不足，没有决心克服自己的不足，很可能就会与成功无缘。“夫运筹策帷帐之中，决胜于千里之外，吾不如子房。镇国家，抚百姓，给馈饷，不绝粮道，吾不如萧何。连百万之军，战必胜，攻必取，吾不如韩信。”汉高祖刘邦正是由于认识到自己的弱项，才能够扬长避短、广纳贤才，最终战胜群雄、扭转局势。

三、认清自己的责任

每个人都有自己的岗位，都承担着不同的角色，认清职责，对干好工作、成就事业十分重要。认清职责、承担好责任是对能力的检验，是检验人才的途径。卡耐基说过，有两种人成不了大器，一种是别人非要他做，否则不会主动做事的人；另一种是即使别人让他做，也做不好事的人。那些不需要别人催促就会主动做事而且不会半途而废的人终将成功。这种人要求自己多付出一点，而且总是做得比预期的更多。对工作人员来讲，责任是一种人生态度，也是珍惜生命、珍视未来的表现。强烈的责任感是对事业忠诚的具体表现，只有抱着高度的责任心，从小事做起，抓住每个细小的环节，把每一项工作做好，才能提高工作的整体效果，才能取得事业上的成功。

阳明先生说：“故‘君子素其位而行’，‘思不出其位’。凡谋其力之所不及而强其知之所不能者，皆不得为致良知。”人贵在自知，自知贵在内省。清醒地自知，做自己力所能及的事情，是一个人向好的起始。

看人长处

去朋友单位办事，朋友把每一个下属的优势、专长都介绍了一遍，仔细观察，果然和他说的差不多。这件事让我印象深刻，既感叹于这个朋友的细心，更佩服他能看到每一个人的长处。

俗话说："金无足赤，人无完人。"世上全才之人凤毛麟角，优点和不足常常并存，多数人只是具备某一方面的专长。例如，有的人擅长说，有的人喜欢干，有的人会出点子，有的人会搞协调。人人都有自己的生存之道，各有不同的成长节奏，发挥好各自的优势、专长，才能有效地尽其所能，在擅长的领域里做到最好，体现出价值。

多看人长处，于人于己都有很多益处。于人，能用其所长，发挥其专长。被人赏识，尤其是被领导和长辈赏识，能让人产生更大的能动性，从而激发更大的潜能。于己，看到他人长处也就看到了他人的美好，心中有美好心境自然也是好的，悦人更是悦己。但是，"多看人长处"这种人人皆知的利人利己的好事，想要做到却很难，因为人都有自己固有的审美观、价值观和处世观，多喜欢符合自己喜好的、顺应自己心意的人和事。要从每一个人身上看到亮点，从每件事上都看到好处，说起来容易做起来难。

看人长处，需要在生活中不断强化观念，在具体事务上经常历练，跳出固有的思维圈子，养成看人长处的思维。

一、学须反己

阳明先生说，做人做事一定要反省自己，一味地责怪别人，就只能看到人家的不足，看不到自己的短处。如能时常反思自己，常思己过，省察己身，哪还有空去批评别人呢？要做到多看人长处，需要跳出思维定式，不断强化自我反省意识，看到自身的不足，也就多了一分对他人的包容和换位思考。

二、正心诚意

《大学》里说："欲正其心者，先诚其意。"大凡看人言语，若先有个意见，便有过当处。如果先入为主，对人有了偏见，就会站在自己的立场，看人就会有失公允。要想看到别人的长处，内心要有正念，摒弃偏见，看人看事才能客观。任何事情没有绝对的好坏、对错之分，同一件事不同的人从不同的视角看可能结论迥异。盲人摸象的故事流传至今，依旧能给人很多启发，只有用全面、客观、辩证的观点看问题，才能够规避以偏概全、避免一叶障目。只有正心诚意，才能从发展的观点以辩证的思维看问题，才能更客观地待人处事。

三、顺应自然

花开需要时间，人好需要历练，没有人生来就什么都会，所以对他人的期望、要求不能超出限度，特别是对自己的孩子。父母看子女，有时候总和优秀的孩子比，总觉得自己家孩子在哪些方面不如别人家孩子，总想着样样都好该有多好。其实，每一个人都是一步一步在生活中学习、成长起来的，没有人生而知之，只有经历了才能成为阅历。比如在长辈宠爱中长大的独生子女，硬要他在成年后自然而然地就“温良恭俭让”，就有点强人所难。作为父母，要能换位思考，给孩子历练的机会和成长的空间，有顺应自然、遵从规律的心态。

四、无我自谦

我们对别人的评判，很多时候是基于自己的喜好，批评别人的时候，是因为觉得别人不如自己，是自我膨胀，少了谦卑之心，所以才更多地看到了别人的缺点和不足。“人心本是天然之理，精精明明，无纤介染着，只是一‘无我’而已。胸中切不可‘有’，‘有’即傲也。古先圣人许多好处，也只是‘无我’而已。‘无我’自能谦，谦者众善之基，傲者众恶之魁。”如果能时常保持谦卑之心，明白“己所不欲，勿施于人”的道理，自然就会少很多挑人不是的念头。

五、因人而异

圣人恨不得人人都成为圣人，只是由于人的资质不同，所以教育时就不能不因人而异。中人以下的人，即使和他讲性、命之理，他也不能明白，只有慢慢地启发他才行。从育人的角度看，明白每个人的长处短处，才可能知人善用、扬长避短。如果能从对方的年龄、阅历、成长环境、受教育程度以及掌握的知识结构、领悟能力等方面去设身处地地考虑，因人而异，因时而移，就更容易悦纳他人，也就能给年轻人提供更好的成长、进步环境。每一个人都需要他人的鼓励和认可，特别是长辈对晚辈、上级对下级，一句肯定的话往往就会让人信心倍增、干劲十足。

子曰：“三人行，必有我师焉。”看人之短，则无可交之人；看人之长，世间一切是吾师。“人在仕途，比之退处山林时，其功夫之难十倍，非得良友时时警发砥砺，则其平日之所志向，鲜有不潜移默夺，弛然日就于颓靡者。”如果能经常从身边人身上发现闪光点，主动说出来，大家就会充满干事创业的激情，既带动了别人，也感染了自己。如果想让下级或子女们更优秀，不妨去尝试多看他们的点滴进步或付出的每一分努力。正面鼓励只要是真诚的、具体真实而让人信服的，就一定会产生神奇的驱动力，让人不断向善、向好。

阳明先生说：“凡朋友问难，纵有浅近粗疏，或露才扬己，皆是病发。当因其病而药之可也，不可便怀鄙薄之心。非君子与人为善之心矣。”看人长处是修养，用人长处是能力，管人长处是智慧。学会看人长处，是工作发展的有效助力。

做个可教的人

远房本家的侄子来咨询事情，言谈举止中，他不但思路清晰、表达准确，而且态度诚恳，对建议也始终认真倾听，初次接触就给我留下了很好的印象，于是我也乐意尽己所知地给他建议。过了一段时间，他又专门打来电话，通报了办事经过，并谈及今后的打算。侄子年纪轻轻，做事就谦虚稳重，懂得礼节，能主动学习请教，善于接受长辈的建议，真是孺子可教也。

孺子可教，喻指年轻人是可塑之才，加以培养可以成为人才，或能有一技之长。《史记·留侯世家》里记载："父以足受，笑而去。良殊大惊，随目之。父去里所，复还，曰：'孺子可教矣。'"张良以谦虚恭敬的态度获得了学习《太公兵法》的机会，成了一代名士。这个故事流传广泛，小时候就经常听老辈人讲起，从中感受最多的是人们对虚心好学的赞许，具备心正意诚的本性，是成长进步的基础。

张良成才的机遇可遇不可求，好的老师有缘才能遇到好的学生。从前有个学徒跟着师父干了半年，净干些打杂切菜的活，忍不住埋怨师父不教他，于是师父让他炒个土豆丝，学徒觉得很简单，结果口味和师父炒的完全不同，师父感慨地说："不是我不肯教你，是你太浮躁了。"现代人工作、生活节奏变快，每个人获取知识、技能的渠道很多，但良才遇良师才能少走弯路、进步更快。现在的年轻人越来越有自己的个性，愿意主动向前辈请教、愿意听人谆谆教诲的也少了。人们常说良师益友利于人，即使有缘分遇到，如果没有谦虚好学的进取心，也难以获得真正的"倾囊相授"、得到真心指点。这正如网络上的流行语：要找到的是合适的人，而不是把谁改变成合适的人。《鬼谷子》里说"难设以物，难说以言，思不知变，固不知改者不可深交"，也是同样的道理。

有人总结说，做一个可教的人，有三个方面很重要：一是真诚，二是积极，三是谦恭。做到这三点，才能够让自己保持良好的认知，才能在成长中少走弯路。"天雨虽宽，不润无根之草；佛法虽广，不度无缘之人。"真诚是打开人和人心扉最好的钥匙，积极进取是主动学习的必备心态，谦恭的品质更容易获得前辈的指点。有个同学的孩子大学毕业考公务员，多次考试都没能如愿，一度陷入焦虑。得知我们几位前辈一起团聚，就抱病冒雨前来讨教，大家为其诚意所感动，一起帮着认真分析考试失利的原因，分别提出了很多中肯而可行的建议。后来，这个孩子终于考取了自己满意的岗位，大家都感到很有成就感。

工作中，经常遇到一些优秀的青年，他们言行举止谦虚谨慎，工作踏实，态度端正，心态积极，好学上进，被公认为是可教的人，领导前辈也愿意给予其必要的指点，他们因此得到了更多学习和提高的机会。正如阳明先生所说："心端则体正，心敬则容肃，心平则气舒，心专则视审，心通故时而理，心纯故让而恪，心宏故胜而不张、负而不驰。七者备而君子之德成。"青年是单位持续发展的生力军，培养好青年人是每个单位的职责，也是年长者的责任。青年人正心诚意是做好工作的基础，也是获取更多成长、进步机会必备的好品质。

古人说："千里马常有，而伯乐不常有。"其实，"千里马"也要学会找"伯乐"，才能更好、更快地崭露头角。看到一个观点：三百六十行，有人教的那一行最容易成功。深以为然。工作中，如能得到中肯的意见或建议，就一定要珍惜，这也许就是持续成长的诀窍。

阳明先生说："良知本来自明。气质不美者，渣滓多，障蔽厚，不易开明。质美者，渣滓原少，无多障蔽，略加致知之功，此良知便自莹彻。"身在职场，保持谦虚上进，不断调整认知，做一个可教的人，是每个人需要努力的方向。

尊重的作用

列席一个部门的学习讨论会，从他们的发言中，我真切地感受到一种团结的氛围：主管对大家理解信任，副职们对正职尊重信服，班子成员的凝聚力和向心力强。感慨之余，我也更加明白了尊重在工作中的重要作用。

尊重是指内心敬重、重视他人，是对他人人格的重视。工作关系中，上下级只有相互尊重包容、谦虚守礼，特别是下级自觉尊重上级，才能形成良性互动局面，营造更为融洽和谐的氛围。

古语说，事上以敬，待下以宽。人与人间的彼此尊重是很重要的，尊重是一种礼貌、一种境界、一种修养、一种美德，特别是尊重上级，更是一门学问。尊重别人不仅是一种素养，还可以为自己赢得尊重。尊重能够增进与上级之间的感情，融洽上下级关系，更有利于工作协作与配合。尊重上级有一些具体的要求，比如要维护上级的权威，执行上级的决定，爱惜上级的声誉，推动工作的落实等，这些在具体工作中会提高团队执行力，提高团队工作效率。

尊重上级，是身处职场的基本要求。在上下级关系的处理上，最具代表性的是曹操和谋士许攸、郭嘉。许攸和郭嘉的不同结局，可以看出上下级相处的规则。同样是从袁营投奔而来，同样是智囊之士，二人下场却天壤之别，原因就在于郭嘉定位准确，他清楚作为一个下属，要做的就是辅助上司做好事情，把个人智慧与发展大局结合起来，从而赢得了曹操的信任和支持；许攸却始终没有找准位置，为人放荡不羁，一味标榜自己的才能，无视曹操多谋善断的秉性，缺少了对上级领导的尊重和敬畏。许攸的悲剧，很大程度上是由狂妄自大、自以为是造成的。

古代的例子与现在道理是相通的。古语说，敬人者，人恒敬之。一个人走到一定的位置，必定有相应的修为和能力做支撑。上级不一定比下属聪明，不一定业务能力更强，但一定更有综合实力，更有自己的智慧，有他的过人之处。多学习上级的优点，尊重、支持上级的决策部署，才能齐心协力做好工作，这是集体和个人不断进步的基础。

有研究表明，一个人绩效的 72%，取决于他的直接上司。网上有这样一句话："直属领导，才是最大的资源，才是最该关注的人。"《中庸》里说"在下位，不获乎上，民不可得而治矣"，也是同样的道理。拉开工作差距的，有可能只是对上级的不同态度，发自内心地尊重上级，是工作人员应有的认知。

阳明先生说："苟无尊崇笃信之心，则必有轻忽慢易之意。"尊重多是相互的，心里有光才能常觉得有光。用尊敬、敬重的态度来对待上级和长辈，这是为人处世的本分，也是修身养性的途径。

强化沟通意识

单位布置了一项任务，由我们科牵头办理，因为涉及的事项较多，需要多个部门合作，科长多次去找相关人员沟通协调，在大家的配合、支持下，工作推进得很顺利，预定任务按时完成。

沟通是人与人之间、人与群体之间思想与感情传递和反馈的过程，通过言行等方式表达信息，以求思想达成一致和感情交流通畅。无论是生活中还是工作中，沟通交流都起着至关重要的作用。尤其是在工作场合，上下级之间、部门之间、同事之间，需要沟通的事务很多。沟通交流能力是员工综合素质的重要体现。强化沟通意识，学会有效的沟通交流方式，是职场人必须重视的内容。

沟通交流是团队协作的基石。在团队工作中，每个成员都需要明确自己的任务职责，同时也需要了解其他成员的任务职责和工作进度。特别是在工作遇到困难的时候，有效的沟通交流就显得更为重要了。通过沟通，团队成员可以共享信息、交流想法，一起克服困难，从而协同完成任务。一个沟通顺畅的团队，能够减少误解和冲突，提高工作效率，实现更好的协作配合。如果不能及时有效地与同事和领导沟通交流，就不能及时反馈问题、解决问题。

沟通交流有助于建立良好的人际关系。职场中，人际关系对于个人发展具有重要影响。通过沟通交流，可以了解他人的需求和预期，从而给予其自己力所能及的帮助；积极主动的沟通交流还能够展示个人的专业素养和人格魅力，赢得他人的理解和支持。建立良好的人际关系，不仅有助于提升个人的职场竞争力，还能够为自己赢得更多的职业发展机遇。

沟通交流有助于解决问题和应对挑战。工作中难免会遇到各种问题和挑战，这时有效的沟通交流可以帮助我们及时发现问题、分析问题，并找到解决问题的办法。通过沟通，可以汇聚大家的智慧和力量，共同应对挑战，克服困难。此外，沟通交流还能够让我们及时化解情绪压力，在面对问题时保持冷静和理智，避免因情绪化而做出错误的决策。

那么，怎样才能有效沟通？通常说法是在对等的基础上去交换信息，寻找彼此的共性，进而取得共鸣的效果。

一、坚定沟通认知

沟通是推进工作、解决矛盾最直接的方式，在工作中的重要性不言而喻。无论是工作还是生活、处事还是交友、友情还是爱情，如果想要解决问题，那一定要进行沟通。不想沟通、放弃沟通，从某种程度上也相当于放弃了合作。要从心里认识到沟通的重要性，珍惜每一次沟通交流的机会，不断提高自己的沟通交流能力，更好地适应职场的需求和挑战。

二、提高倾听能力

倾听是沟通的基础。在交流中，要保持耐心和专注，认真倾听对方的观点和意见。通过倾听，可以更好地理解对方的需求和想法，从而做出更加恰当的回应。同时，倾听还能够在交流过程中发现更多的信息和细节，为解决问题提供更多线索。

三、清晰表达想法

在沟通交流中，要能够清晰、准确地表达自己的观点和想法，这需要事先做一些功课，平时可以有意识地通过练习演讲、写作等方式来提高自己的表达能力和逻辑思维能力，让自己的表达清晰而明确，让自己的观点更易于被理解和接受。

四、学会换位思考

沟通交流中难免会遇到意见不合的情况，遇到分歧时，既不能一味地从自己的角度看问题，也不能虚情假意地随声附和，而是要用同理心，站在对方的位置上去思考问题，这样才更容易达成沟通的目的。同时，还要学会控制自己的情绪。人是有感情的动物，情感是润滑剂，放低姿态，用尊重对方的态度去沟通，才更有利于达成共识。

五、适时反馈调整

在沟通交流的过程中，要及时给予对方反馈，让对方了解我们的观点和认识。同时，也要根据对方的反馈调整自己的沟通方式和策略，以更好地达到沟通目的。这种适时的反馈和调整，能够让我们在沟通中不断进步，提高沟通效果。

此外，还要不断学习新知识、掌握新技能，以适应职场的变化和发展，更好地融入团队和职场，实现工作价值和工作效率的最大化。

阳明先生说："凡应物起念处皆谓之意，意则有是有非，能知得意之是与非者则谓之良知。依得良知即无有不是矣。"良知是检验沟通成效的标尺。良好的沟通是做好工作的润滑剂，强化沟通意识，学习沟通技巧，不断提升沟通交流能力，是工作中需要不断践行的认知。

营造好环境

侄子大学毕业后到外地工作，这天来电话通报情况，简单的交流后，我真诚地祝愿他工作顺利。“工作顺利”是我们常用的祝福语，也是每个人都想实现的工作愿望。顺利工作需要用心经营，营造好的工作环境。要想顺利工作，还真有很多方面需要注意。

一、遵守好规矩

人生在世，处处离不开规矩，能否遵守规矩，折射出一个人的素养高低，决定了一个人的前程好坏。天地万物都有一定的规则，社会运行也有法规制度，只有遵循规律，顺应自然，在规则内行动，才能做好工作。

二、培养好品德

品德是工作中最好的资本，品德立得住，作风靠得住，会受到信赖，自己也会有底气。身在职场，要把培养好品德作为重中之重。认真、耐心、勤奋等都是好的品德习惯，关键是心正意诚，虚心学习，养成良好的工作品质。

三、经营好家庭

家是一个人永远的港湾，家和万事兴，家庭幸福是工作顺利的重要保障。家庭是中国人骨子里的依靠，家齐而后国治，这种观念根深蒂固，不可替代。家庭与事业是两个平衡点，是职场人必须努力守护的重点。

四、结识好师长

自古有志之士，未有不求助于师友者。良师益友是财富，成功路上，无论是贵人指路，还是良友帮助，都必不可少。“一个篱笆三个桩，一个好汉三个帮。”个人的能力毕竟有限，认知也有局限，以真诚之心，结识良师益友，在关键时刻，获得正确的引导，非常重要。

五、把握好机会

机遇很重要，驾驭机遇更重要。无论时代如何发展，总是不缺机会，变化越快，机会越多。机会对每个人都很有限，每个人都要抓住属于自己的机会。最起码的，要在关键时候努力，该学习的时候要努力学习，该付出的时候要努力付出，要尽可能地让机会和自己的努力相遇。

阳明先生说："人若知这良知诀窍，随他多少邪思枉念，这里一觉，都自消融。真个是灵丹一粒，点铁成金。"我们要先从自己做起，按照良知做事，让自己的思想、言行有礼有节，与时代同向，与大局同心，与工作同一，与家庭同步，身与心、家庭与工作内外平衡，才能行稳致远。

强化大局观念

单位接到了帮扶企业发展的任务，为了全面做好帮扶工作，我们认真组织学习上级文件，统一思想认识，强化帮扶工作的重要意义，将其定位到服务全市经济发展大局的高度，共同制订切实可行的服务方案，同时与单位本职工作相结合，取得了助推企业发展的较好效果。

所谓“大局”，就是指整个局势、整个局面。大局是根本，是方向，是谋划工作的基本出发点。讲大局，强化大局意识，对单位的发展，对个人的成长，对思想觉悟的提高，至关重要。不管在什么岗位，牢牢把握大局观念，增强辩证思维能力，服从大局的需要，把握努力的方向，以强烈的事业心和责任感落实工作，都能推动工作取得良好成效。

大局观是一个人工作品质的重要影响因素，从一个单位的内部讲，维护集体的形象、荣誉、团结就是大局。顾全大局，至少要做到以下三点。

一、学会站在全局角度上思考谋划

不谋全局者，不足以谋一域。单位要站在服务社会角度来思考、谋划工作，个人要站在单位的角度来定位自己的工作，这样才能打开思路、放开格局，本职工作才能与大局合拍。如果工作目的是谋小局，或者是谋自己，就会游离于大局之外，就会脱离大局。

二、和大局高度保持一致

局部利益要服从整体利益，个人利益要服从集体利益，小道理要服从大道理。要真正领悟大局意识，需要不断进行换位思考，找到局部与整体的平衡。就如帮扶企业经济发展，既要能站在全市经济发展进步的高度去看问题，还要能从融合部门职能的角度去落实帮扶，这样就能把看似额外的工作任务转化成本职工作，也就能将工作任务变成自觉的行动，从而做到知行合一了。

三、坚决服从上级决策部署

下级服从上级是原则，是必须坚持的认知。对上级的部署，可以有不同的意见，可以在执行中及时反馈，但是绝对不能不服从。服从命令是一种天职，令行禁止是一种能力，要创造条件，力所能及地抓好落实。对于一时不能理解的工作任务，要相信上级的决策方向和部署理由，想办法克服困难落实好。所谓的“执行力”，就是服从安排，听从指挥，不折不扣地抓好落实。

一个团队中谋大局的人，最能得到大家的尊重和赞赏。企业用人基本是从能人之中选取好人，机关用人多是从好人中选取能人。无论哪种用人方式，好人都是必不可少的底线要求。好人的标准各有侧重，但多是大局观念较强的人。就好比老百姓经常说的“有正经心眼”，这样的人才可信任。

大局观念其实更多地体现在每一项具体的工作细节中，特别是纪律作风，最能够看出工作人员的大局意识。比如休假期间，单位有比较重要的事项，这时候怎么对待？一项急难任务需要额外付出，这时候怎么办？每个人都有自己的认知，越是在特定场景下越能看出不同人认知的不同之处。

《围炉夜话》中说：“见小利，不能立大功；存私心，不能谋公事。”无论是单位还是个人，都有一个顾全大局的问题，只有顾全大局，才能找准定位。只有服从大局，多往高处想事业，多往难处想组织，多往好处想他人，多往宽处想自己，品质才能立得稳、站得住，个人才能保持坚定、正确的方向。

阳明先生说，“毫厘何所辨？惟在公与私。公私何所辨？天动与人为”“为人臣者，上有益于国，下有益于民，虽死亦甘为之。世俗之荣辱，决非君子之所为欣戚也”。有情怀才能有责任，任何工作都需要有顾全大局的人，大局观念是工作中非常重要的认知。

塑造好品质

去一个单位考察推荐上来的先进典型，发现大家推荐意见非常集中，在大家的推荐理由中，提到最多的优点是其工作品质好。

工作品质好的标准是什么？通常是从其所做的事情或者是所做的工作来看。认识一个人，是一个由点到线再到面的过程，经过一段时间，经过多件事情，才能形成对他人较为真实的评价。每个人给组织和同事留下的印象，都是在工作中一点一点形成的。塑造良好的品质，需要在日常工作和生活中下功夫。一般来说，工作品质包含习惯、能力、精神等多个方面的内容。

一、规范高效的工作习惯

工作和生活中的一点一滴，反映了一个人的思想和心态，也折射出一个人的素养。人们常说，辨别一个人，不仅要听其言，还要观其行。凡事都有一个积累的过程，干好一两件事情，可能没有人注意到，持之以恒地把每件事情都干好，就一定能够被看到。规范、高效的工作习惯是职场人最好的名片。路遥知马力，日久见人心。塑造形象，需要日积月累，从一点一滴做起，从一言一行做起，一以贯之地要求自己。

二、昂扬向上的进取精神

美国学者莫尔腾曾说，检验人的品质有一个最简单的标准，那就是看他工作时所具备的精神。工作是一个人人格的表现，是“真我”的外部写真。看一个人所做的工作，就“如见其人”了。职场人需要有良好的精神状态，没有了精气神，工作就没有力量。有精神才能有朝气，有朝气才能有活力，有活力才能有发展。当前社会发展已经进入了“秒时代”，稍有松懈就会被落在后面。阳明先生曾感慨地说：“凡人之学，不日进者必日退。”机会稍纵即逝，做各项工作都要有“秒时代”的紧迫感，有“秒杀”的精神。

三、精益求精的创新能力

创新是开展工作最有效的方法，对推动工作发展有着巨大的示范作用。创新来源于思考和尝试，是人才综合能力的集中体现。创新精神是人类进步、社会发展的重要驱动力。当前社会发展日新月异，只有不断创新才能跟上时代发展的步伐。创新意识对职场人非常重要，特别是部门负责人，不注重推陈出新，就无法带动整个部门的发展。凡事不仅要想在前面，还要做在前面，这样才能带领团队取得成功。

阳明先生说："与其为数顷无源之塘水，不若为数尺有源之井水，生意不穷。"好品质是根植于内心的良知，良好的工作习惯、积极进取的工作精神、精益求精的工作态度，是成就好事业的好品质。

“骄”“娇”不可有

我们单位有位同事通过自己的努力考到了上级单位，进入新单位后他屡次受到重用，还走到了领导岗位。大家谈到其从前的工作风格，印象最深刻的就是不骄不躁、遇到困难能迎难而上的谦虚实干工作作风。

俗话说“付出才有回报”，一分耕耘才有一分收获。“功崇惟志，业广惟勤”，事业的进步，需要付出智慧和汗水，不是随随便便就能实现的。要想做好工作，既要有做事之心，又要有担当之行，两者缺一不可。当面对困难和挑战时，不轻易放弃或者抱怨，勇于面对并积极寻找解决办法，保持积极的心态和行动，才能够在工作中不断取得更好的成绩。

古语说“能人毁于傲，庸人毁于惰”。每个人都有自己的个性，但在工作上，“骄”和“娇”的作风最不可取。“骄”指的是骄傲自满、妄自尊大，特别是取得工作成绩以后，产生功劳意识，有居功自傲的思想。“娇”指的是娇贵、娇气、有惰性，贪图安逸享受，工作中怕苦、怕累，拈轻怕重，稍微遇到一点困难就想放弃或者心生怨气。

骄傲自满是工作、生活中的大忌，最容易失去大家的支持。一个好汉三个帮，单打独斗难成大事。多数时候，工作成绩的取得是大家共同努力的结果，而不是哪一个人独有的功劳。有些工作表面上看是一个人的成绩，其实需要一定的平台支持，或者需要团队的支持和帮助。心理学中有个“夸大贡献”现象，就是团队合作做成一件事情后，合作者都会处于“自我肯定”状态，普遍会夸大自己的贡献度。这是自我中心主义的必然结果，也是常见的现象。

阳明先生对“傲”有着诸多的论述，例如，“人生大病，只是一‘傲’字”“今人病痛，大段只是傲。千罪百恶，皆从傲上来。傲则自高自是，不肯屈下人”。对此，他也给出了克服的办法：“古先圣人许多好处，也只是‘无我’而已。‘无我’自能谦，谦者众善之基，傲者众恶之魁”“圣人之学，以无我为本，而勇以成之”。无我是克服傲气的好办法。“君子之学，譬若种植然，其始也，求佳种而播之，沃灌耘耔，防其浅收”。只有保持正确的工作念头，才能取得良好的效果。名利人人都会想，欲望人人都会有，关键是如何对待、如何把握好度。处理好了就是动力，处理不好就是包袱，搞不好会伤了别人、害了自己。做出成绩的时候，能想到大家为之付出的努力，就会对他人存有感恩之心，傲气也会消减许多，因而会获得更多的助力。成绩也是个人人生价值的体现，把它看作一个新的起点，会产生为新目标奋斗的动力，也就少了骄傲情绪。如果把成绩作为自己一个人的功劳，居功自傲，忘乎所以，很可能会冷了团队的心，还会因为收不到预期的名利而有怨气。这种骄傲既容易对今后工作产生懈怠，也会因自满而失去继续努力的斗志，影响自己的成长、进步。

除了骄气，另一种娇气也是工作中的大敌。“自古雄才多磨难，从来纨绔少伟男。”假如一名员工娇气，没有迎难而上的勇气，对工作拈轻怕重，那么面对急难险重的任务时，其就容易逃避、推卸或者抱怨，就无法担负更多的责任。

吃苦耐劳是一种能力，职场人不一定刻意吃苦，但是一定要有不怕吃苦的本事。“少年辛苦终身事，莫向光阴惰寸功。”付出和收获往往相辅相成，人的能力很多来源于做事的亲身经历，在事上磨炼，内心才会不断拥有力量，人才会逐步成长成熟。人来到世上，就是来做事的，没有事做，被事吓倒，不是生活的目的。工作和生活每天都是变化的，将来的事情无法预见，也无须担忧，我们能做到的，就是积极应对所发生的一切事情，提前做好一些能力上、身体上的准备，把所遇到的事情当作自己练习的一次机会，为再次办理类似的事情积累从容的资本。

《礼记》中说：“傲不可长，欲不可纵，志不可满，乐不可极。”做事是最有效的修炼，谦虚谨慎，勇于担当，戒骄戒躁，是最好的修身养性的方法。身在职场，要及时调整自己的心态，把每一次的挑战都当成锻炼自己的机会，接纳这样一个学习和成长的过程，遇到困难，主动学习必要的知识和技能，保持迎难而上的乐观心态，不张狂，不退缩，克服傲气、娇气，这样不仅能很快“适应”新的要求，还能实现能力上的不断提升。

阳明先生说：“知轻傲处，便是良知，致此良知，除却轻傲，便是格物。”发现并克服轻浮傲慢，是职场人的进阶能力。职场是个大舞台，不断克服傲气和娇气，保持内心的淡定和认知的清醒，才能扮演好自己的工作角色，走好人生成长之路。

风物长宜放眼量

某官网发布了一项新规定，多数人看后觉得很好，但是留言中也有不少其他声音，甚至于有强烈反对的，对这项新规定的认识和观点不一而足。

这样的现象很常见，有人做了一件好事，大家纷纷点赞，但也会有一些人质疑，说这样做怕是目的不纯。同一件事情，总会有不同的认识，哪怕是很简单的事情，也会有复杂、多面的看法，以至于真实和臆想交织，让人难以区分。立场、角度不同，对问题的认识、观点不尽相同。这方方面面的观点，影响着我们对事物的看法，也影响着工作、生活。

随着时代的发展进步，社会的主要矛盾也发生了相应的变化。很多地区很多单位的工作条件、福利待遇都有了很大的改善，另外，发展变化中也出现了不平衡问题。如何追求美好的工作生活，在平衡中实现自己的理想愿望，是值得考虑的问题。

比如，有单位实行了新的绩效考核办法，从单位的角度看，是本着多劳多得、优劳优得的原则，修订了考核标准，设定了一些新的考核内容。总体而言，多数人待遇提高了，只是有的人绩效变化大，有的人变化小，也有的没变化。办法一落地实施，就引起了不少争议，各说各的理，新的问题随之产生，影响了工作。

实行新绩效制度，是着眼于单位长远发展需要，也是为了激发职工的工作积极性，总体来讲是有利的一面大，是推进重点工作、促进重点业务的必然选择，势在必行。但具体执行后，本来大家的薪酬是在一个水平线上的，现在不一样了，少的那部分人在心理上就难以接受。这些随之出现的不平衡问题，在所难免，发展变化的路上一定会遇到新问题。

欲穷千里目，更上一层楼。如果能站在高一点的层面上看问题，就会有更客观、更辩证的认识，就能理解变化的必要性。从来没有一项制度是完美的，所以才有了不断修订、不断完善的必要性；每一项制度出台后，相对应的配套措施也需要逐步落地，这需要一个过程；对于新规定、新制度的接受、适应，也需要一段过渡时间。这样看来，有负面评论也是正常的。每个人的岗位不同，工作任务不同，业绩也不可能完全能客观考量。薪酬多一定有多的理由，少一定有少的原因，标准、尺子不一而足。正如古人所说，如果能凭耳聪目明来听取议论，那么胡乱议论的人就得住口，不能凭耳聪目明听取议论，就会连尧和桀也分辨不清了。

有吐槽也是正常的，每个人的角度、感受不同，新制度许多细节也需要不断完善，这需要一个过程。站在单个部门或个人的角度，不能仅因一己得失就去否定新制度，而是需要从全局利益、从长远角度看问题，用发展变化的眼光来衡量得失。把眼光放远，沉得住气，跳出个人的私利，站在单位和社会的角度去看事情，也就会少些计较了。

阳明先生说“格者，正也，正其不正以归于正”，我们需要经常审视自己的内心，跨越自己的心坎，破除心中一个个困难，这样诸多问题就能迎刃而解。

阳明先生说：“众皆以为是，苟求之心而未会焉，未敢以为是也；众皆以为非，苟求之心而有契焉，未敢以为非也。”面对一时不能理解的情况，要沉住气，问问自己的本心，用辩证的思维来看待问题。风物长宜放眼量，把眼光放远一点，用发展的眼光看问题，站在更高的层次看事情，是最智慧的方法。

职场也要有义气

朋友单位有人信访，有关部门接待多次，当事人都不满意。一次，朋友恰好遇到来访者，便主动去做工作，站在当事人的角度换位思考，通过耐心倾听并认真解答有关问题，赢得了对方的信任，最终化解了矛盾。这件事情本是单位的公事，不属于朋友的工作职责，但朋友本着解决问题、化解矛盾的态度，主动靠前一步解决了问题。这种主动担当，是一种大义，是需要大力提倡的。

所谓“公事”，具体到每个单位，就是集体的事。公事是单位所有人工作事务的集合，只有所有的工作事务都做好，公事才算办好。任何一件事、一个环节做不好，都会影响单位的整体工作效果。公事怎么办才能办好，每个人都有不同的认知，没有固定的答案。一般来讲，公事需要公办，各司其职，这是工作中的基本原则，也有很多人打着公事公办的旗号来推脱工作，不担当作为。这一类的“公事公办”体现在很多地方。比如在服务窗口排队，眼看就要排到自己了，工作人员却到了下班的时间，让第二天再来办理。再如到一个单位去办业务，工作人员却说不负责办理，又不给指导去哪里办理。这些人打着“公事公办”的借口推脱责任，其实是缺少主动服务意识，对单位不负责任的表现。

由此想到一句调侃：有一种推托叫公事公办。任何事情一旦板起脸来公事公办，便有两种结果，要么好办，很快办成，要么不好办，办不成。怎么才是工作中需要的公事公办？那就是肩上有责、心中有义，往前一步办公事。医学界有一句名言：有时是治愈，常常是帮助，总是去安慰。医生不可能治愈一切疾病，也不可能治愈每一个病人，给病人以帮助、安慰，是治病救人的题中应有之义，这是一种人性的服务传递，是在平等基础上的情感表达，也是医学的一种责任。

古人说“故义者，百事之始也，万利之本也”，意思是说“义”是各种事情的开端，是一切利益的本原。其实，各行各业都需要有往前一步的担当，都需要适当讲究一点义气。法律从业者在追求公平正义的同时，也应体现人性的温情。在法律功能的发挥中，司法人员的执法态度直接影响着执法行为的法律效果和社会效果。公平和正义既是法律程序和实体的体现，也建立在一定的感情基础之上，力所能及地付出一些情感关怀，让当事人感受到执法中的人性化，让人民群众在案件受理中感受到公平正义，更需要法、理、情的有机统一。

办好公事，需要所有工作人员共同努力、相互协作、互相补位。《论语》中说“君子之于天下也，无适也，无莫也，义之与比”，意思是说处理问题没有固定的答案，可以用“义”作为参考。义举应出于真情实意，一种温暖的态度，一句体恤的话语，一个关切的眼神，等等，都会给人带来温暖，举手之劳发乎情、源于义，有利于愉快地办好公事。

阳明先生说，“义者宜也，心得其宜之谓义。能致良知则心得其宜矣，故‘集义’亦只是致良知。君子之酬酢万变，当行则行，当止则止，当生则生，当死则死，斟酌调停，无非是致其良知，以求自慊而已”“事物之来，但尽吾心之良知以应之，所谓‘忠恕违道不远’矣”。从某种意义上说，职场中敢于担当、主动作为就是一种“义”，是人的良知，用这种态度做人做事，既是正确的工作认知，也是很好的致良知。

管好事

莫见乎隐，莫显乎微，
故君子慎其独也。

——《中庸》

弘扬精气神

去一个企业参观交流，看到生产车间整洁卫生，员工操作规范有序，文化设施布局合理，愿景目标切合实际，感到心情很舒畅。特别是在随后召开的培训活动中，在场员工坐姿端正，全程认真倾听，几乎没有低头看手机的现象，这种良好的精神状态让人印象深刻。

队伍的精气神是一个集体无形的力量，判断一个单位的发展前景，最根本的是看员工的精气神。阳明先生认为，精气神是良知的三种形态，“流行为气，凝聚为精，妙用为神”。员工的精气神是单位的核心竞争力，需要长时间培养积淀。弘扬好精气神，激发每个人的内在力量，是队伍管理的重要内容。

一、用争先创优凝聚力量

唯旗是夺是一种精神、一种干劲，这种精神力量是单位发展的核心要素。一个单位若没有创先的愿景，很难持续良性发展，有了创先的目标，员工没有积极的行动，也不可能取得好的效果。一支队伍没有创优精神，没有良好的精神状态，就没有进取的作为，就很难全力干好工作。荣誉是一个单位的名片，是工作的动力，工作中要不断强化一荣俱荣、一损俱损的观念，牢固树立命运共同体意识，用创先争优凝聚力量，用远景目标引领发展。

二、用严明纪律发扬正气

风清气正才能齐心协力，好的风气要靠严明的纪律保证。纪律作风是一个单位最直接的形象展现，一个团队、一个集体、一个单位，如果没有纪律观念，就会如一盘散沙，缺少凝聚力。纪律体现在最平常的制度执行中，比如说出勤，看似一件小事，却能够反映出一个人的心态、精神，折射出一个单位的管理效果。如果连最基本的制度都不能够严格遵守，敬业精神、奉献意识就无从谈起。纪律作风既要靠外在约束，也要靠内在觉醒。每个单位都需要重视作风建设，在严格落实规章制度的同时，积极开展员工内在认知的教育引导，确保内外结合、知行合一。

三、用持续学习升级认知

学习也是工作的重要组成部分。现代人才学中有个“蓄电池理论”：人的一生只需充一次电的时代已经过去，只有不间断地充电，才能持续地释放能量，才能适应时代发展的要求。员工持续学习，就能开阔视野，看得更远，在大是大非面前不随波逐流，不人云亦云。进入职场，需要牢固树立凡事皆学习的心态，不断升级认知，更好地在实践中下功夫。单位的持续发展，需要员工素质的持续提升。只有认识到学习的重要性，把学习作为一种工作需求、一种精神追求、一种生活方式，才能始终保持与时俱进的工作状态。

阳明先生说：“夫精藏则太和流，神守则天光发，累释则怡愉而静，机忘则心纯而一，四者道之证也。”队伍的精气神是一个不断积淀净化的过程，增强素质是做好工作的基础，丰富良知是队伍教育的重点。弘扬精气神，传播正能量，是管理工作的内涵。

制定好制度

办公室经常接到与单位职能关联不密切的通知事项，交由哪个部门来办理，经常会拿不定主意。后来单位采取了领导签批的方式，才解决了分配的难题。从事综合服务工作，有时会遇到一些没有依据的先例，或者是“僧多粥少”的情况，这时候如何统筹安排，就会有一些困惑。

培训时听了某位教授的社会管理课，其中有个观点让我备受启发：社会管理好与不好不在于社会中有没有矛盾，而在于社会能不能容忍矛盾和冲突，实际上，好的制度不是消灭冲突，而是能够容忍冲突，并用制度化的方式解决冲突。

社会管理需要用制度化的方式去解决冲突，这是被实践证明了的有效、可行的办法。现实中，常会遇到一些冲突现象，给工作带来困扰，这时可以用制度化的方式去解决。比如组织集体活动，上车的时候，大家争先恐后，很快前排就坐满了，服务的同志往往只能坐到后面。这虽然是一件小事，却造成工作上的不便。如果组织活动前，先分组划区就座，或者标识好服务人员的座位，就既便于核对和点名，也方便组织协调服务。制度是解决冲突的好办法，任何问题都有症结所在，找到症结是解决问题的第一步，制定相应的可行制度，是解决问题最直接、有效的办法。

社会生活中，矛盾冲突无处不在，旧的矛盾冲突解决了，新的又会产生，社会本身就是在矛盾中发展进步的。理论上讲，冲突存在于任何单位，可能会出现在任何场合。特别是在具体事务中，各种影响工作质效的冲突屡见不鲜。作为管理者，学会正视问题和矛盾，是一种境界；容忍矛盾和冲突，是一种格局；及时制定有效解决矛盾冲突的制度机制，则是能力，更是智慧。一次外出参加会议，屏幕上关于会议要求的提示语既形象又具体，既充满智慧又入脑入心。一侧是“不做低头族，不当耳旁风，不要三不知”，另一侧是“抬得起头，听得进去，入得了心”。这会议提示既把要求制度化，又有文化品位，也便于理解、执行。矛盾冲突有时候是很难消除的，甚至是无法根本消除的。冲突本身并不可怕，好的管理模式就是不断完善制度机制来解决矛盾冲突，这是工作中的致良知。

阳明先生说："君子之政，不必专于法，要在宜于人；君子之教，不必泥于古，要在入于善。"管理的效果在于适当，只要有利于事业发展，有利于人心向好，就都是可取的。定好制度、立好规矩是一门学问，需要在工作中不断践行。

找准落实要素

参与一项工作，看了实施方案，觉得思路清晰、目标明确、措施直接、要求具体、便于操作，应该很快就能取得实效，还可以推广形成可复制的经验做法。一个工作方案，能够考虑得这么完善，把握住了各方面的要素，可见用了不少心思。

落实好每一项工作任务，既需要认识上的深化，又需要行动上的自觉、头脑上的清醒，有三个基本要素很重要。

一、抓住要点

一项工作展开以后，有时候会遇到任务较集中的情形，头绪上繁杂，事务上烦琐，因此要注重方法，统筹兼顾，把握好要点，学会分清事物的主次和轻重缓急。

二、抓好亮点

实绩是基础，亮点是特色。亮点是工作的一个重要组成部分，是提升工作水平、增强工作效果、彰显工作能力的重要手段。工作平平淡淡，没有新进步、新突破、新起色，就谈不上新发展。特别是一些服务单位，如果缺乏新意，缺乏亮点，没有特色，工作平铺直叙，就无法有质的提升。条件都是一样的，为什么有人干得很好？隐藏在背后的认知，更需要深思和探讨。

三、抓实重点

各个单位在不同的时期都有不同的工作重点，这些重点任务，完成需要一定的时间，最后还要有一定的成果检验。因此，在工作中，一定要牢牢盯住工作重点，提前准备，把功夫下在平时。特别是在工作过程中，要经常对照标准要求，多研究多比较，看看工作完成了多少，还有哪些差距……这样才能及时发现薄弱环节，明确努力的方向，有针对性地查漏补缺、固强补弱，确保重点工作如期完成。

阳明先生说：“我这里功夫不由人急心，认得良知头脑是当，去朴实用功，自会透彻。到此便是内外两忘，又何心事不合一？”落实好工作任务，就要根据工作需要，找准关键要素，抓好关键着力点，用好内在功夫。

用好助力器

公共交通工具新增了助力自行车，骑了几次，发现比自行车速度快、省力，比电动车能锻炼身体，助力自行车作为代步工具确实很方便。

助力自行车是一种全新的交通出行工具，它采取“人力＋电力”的混合动力驱动模式，以力矩传感器、电机与电池为动力系统，通过感知骑行者踩踏的力度，理解骑行者的骑行意图，提供相应的动力支持。这种车既融合了电动车的省力性，又具有自行车的持久性，顺应了人的多种需求。助力自行车的原理，从工作的角度看，也有很好的借鉴之处。

一、付出才有回报

助力自行车最可借鉴的地方，就是“付出才有回报，行动就有受益”。只要用力，就会提供动力反馈，省力效果立即呈现，收益非常明显。助力自行车的这种“助力”就像给人的鼓励，而骑自行车是一个持续付出的过程，没有这种“鼓励”的过程，因此人们容易疲惫。骑电动车则不需要用力，也就收获不到骑助力自行车时“用力”的回报。在工作上，采取持续正向反馈激励机制，就能不断激发工作热情。

二、干多干少不同

助力自行车最实在的地方，是付出与回报成正比，蹬车用的力气大，电力反馈得多，骑起来就更轻松。管理就是要让人有动力干，干多与干少、干好与干孬不能是一样的待遇。

三、奖励及时兑现

小学时有位数学老师，发明了一个十日作业优胜者奖项。记得当时为了得到这张小小的奖状，大家每天课后作业都做得十分认真。不同年龄段的人，对鼓励和认可的感受都是一样的，自己的付出都想得到及时、正面的回馈。工作中，要让人感觉到奖励是和付出紧密相连的，看得见的利益最能打动人，这是调动积极性的好方法。有时候在建筑工地上看到领工钱的场景，工人辛苦一天后在拿到当天工钱的那一刻，脸上都洋溢着笑容。多数单位不可能每天兑现工资，但是如果绩效能够和每天工作的内容结合起来，也是一项很好的参考。

有人把工作人员分为自燃型、可燃型、不燃型，这种分类恰当与否暂且不论，如果把这种人员分类和适合骑行的车辆对应的话，那么自燃型的人可以利用各种车辆，能够凭借自身力量主动前行；可燃型的人适合借用助力车，要借助一定的外力能动前行；不燃型的人只能使用纯动力的车辆，必须用外力驱动被动前行。工作实践中，自燃型的人可遇不可求，而可燃型的人可教可学。因此，为自燃型的人提供平台，为可燃型的人提供助力，是需要不断思考、解决的问题。

管理是门学问，既有共性的要求，也有行业上的差别，更有结构上的不同。当前，随着年龄结构的变化，各类群体价值观念不尽相同，工作需求也发生了较大的变化，亟须探索适应工作发展实际的新的管理模式。隔行如隔山，隔行不隔理，人性有共性，单从人的能动因素来看，每个人都需要持续的动力，用好助力是激发活力的有效方法。

阳明先生说："为政不事威刑，惟以开导人心为本。"助力毕竟只是外力，内心的动力才是前行中最可贵的力量。用好助力，激发内力，需要在工作、生活中多多思考。

管理好自己

同事小刘很辛苦，孩子小，需要照顾，家务事也不少，工作中却很少请假，他将工作和个人事项都处理得井井有条，让人赞叹！这得益于他良好的自我管理能力，工作、家庭两不误。

所谓“自我管理”，是指对自己的思想、目标、心理和行为等进行管理，通过自我学习成长，培养好的习惯，提升驾驭时间的能力，妥善解决好工作任务、家庭角色、社会责任、人际关系等方面的矛盾，平衡好各方关系，实现个人追求的一个过程。通常情况下，自我管理中内因起主导作用，是保证一个人正常工作、生活的重要能力素质。

一、管理好学习

学习是提升能力的必经之路。人非圣贤，孰能生而知之。要想管理好生活，首先要善于学习，任何事情都需要学习。在工作岗位上，有很多新知识新技能需要学习，甚至待人接物和为人处世都需要学习。在家庭角色中，夫妻相处需要学习，为人父母需要学习，为人子女孝敬父母需要学习，协调好亲朋、邻里关系也需要学习。需要学习的地方很多，随时随地都需要学习。学习是成长进步的渠道，人生路上，新问题新矛盾一定层出不穷，只有学习才能保持解决问题的能力。管理好了学习，就管理好了能力。阳明先生说：“凡学之不勤，必其志之尚未笃也。”又说：“人须是知学。讲求亦只是涵养，不讲求只是涵养之志不切。”做不到自觉学习，只是因为志向不够真切，只有致力于学习，才能具有从容应对生活与工作的底气和能力。

二、管理好习惯

《荀子》里说：“积行成习，积习成性，积性成命。”这句话充分说明了习惯的重要性。人最难改变的是习惯，习惯实际上是作风态度的体现。心理专家也研究发现，一个人工作或者学习的好坏，信心、意志、习惯、兴趣等后天因素起主要作用，而习惯的作用至关重要。好习惯是一个人的终身财富，比如提前10分钟的习惯、拉清单的习惯，能让你凡事不着急，提高工作效率；比如认真倾听的习惯、不发牢骚的习惯、及时回复的习惯，能让你与他人有效沟通、赢得尊重。习惯看似小事，其实关乎大节，好的习惯一旦养成，会终身受益，对高效工作、关系和谐很有帮助，有助于从容应对工作和生活。

三、管理好时间

每个成年人都担负着很多的角色和责任，最需要平衡的是时间。分配好时间、管理好时间，至关重要。人的精力是有限的，每个人能有效支配的时间相差无几，关键看怎么支配。在某个方面用的精力大，那么在其他方面用的时间就相对少。精力用到哪里，时间用到哪里，哪里就有好的回馈。

俗话说，成年人的世界里，一地鸡毛是日常，岁月静好是片刻。每个人岁月静好的背后，都是辛苦与努力。只有不断学习、成长，具备了管理好自己日常的综合能力，才能多些风平浪静，少些一地鸡毛。

阳明先生说："若常人之心，如斑垢驳杂之镜，须痛加刮磨一番，尽去其驳蚀，然后纤尘即见，才拂便去，亦自不消费力，到此已是识得仁体矣。"人生是一场修行，管理好自己，增强内在的力量，成为更优秀的自己，才能更好地驾驭自己，才能工作、生活得更淡定从容。

用好老实人

单位调整人员，一批务实能干的同事得到提拔、重用。他们思想淳朴，作风扎实，办事实在，是大家都肯定的老实能干的人，被提拔、重用是必然的。

有一段时间，各类媒体比较关注职场老实人的问题，普遍认为，要始终把握德才兼备、以德为先、注重实绩的原则，不能让老实人吃亏。如何看待老实人，大家普遍比较关注，各有各的认识。

一、辩证认定老实人

通常所说的老实人，是指本心淳厚、良知丰厚、长于做事而不善巧言的人，就像“老黄牛”那样，“心”老实，老老实实做人，踏踏实实做事，兢兢业业工作。一个群体中，能干的总是比较固定的那部分人。这些人承担了单位大量的工作，是一个单位干事创业的主要力量。容易与老实人混淆的是庸庸碌碌、无所作为、常态化躺平的人，这类人实际上只是表面上看着老实，做起事来并不是真老实。

二、尊重信任老实人

黑格尔说：“一个拥有真正美的心灵总是有所作为的，并且是一个实实在在的人。”工作中既需要想干愿干的人，更需要会干能干的人。老实人踏实务实、行稳致远，也有不同的表现形式。比如，有些人不仅自己实实在在地干，还能带动大家干，形成一个团队务实勤奋的作风，这样的人有一定的领导力，有可能成为将才。有些人则善于做一些具体的工作，只要领导指好方向、定好调子，一定会不折不扣地完成好工作任务，这样的人就是干才。一个单位、一个队伍里，将才和干才都是需要的。尊重、信任这些老实人，给予他们适合的位置和激励，他们就能够为单位创造好的业绩。

三、量才使用老实人

古人说：用人以质朴为上，不应以才华为荣。要按照德才兼备、注重实绩的原则选人用人，对公道正派、埋头干事的老实人优先任用，升迁晋级首先要考虑老实人，让能者多劳，让劳者多得，不让多劳者吃亏，要形成老实人受尊敬受重用的良好导向。只有把每个人放在最合适的位置，做到人尽其用、用当其时，才能人尽其才，发挥好老实人的作用。

年轻的时候，觉得老实人就是“窝囊人”，被人说成老实人会感觉很没有面子，后来才逐渐理解阳明先生所悟的心态境界——“人人自有定盘针，万化根源总在心。却笑从前颠倒见，枝枝叶叶外头寻”。人的本心与生俱来，过于看重外在的评价，其实是内心不坚定。老实不是弱点，把老实的本性用在做事上，踏踏实实做个老实人，老实做事，老实做人，坚守老实诚信的本心本性，才是正道。

阳明先生说：“夫因才器使，朝廷之大政也；量力受任，人臣之大分也。”做老实人，用好老实人，不让老实人吃亏，给老实人合适的位置和平台，发挥好老实人的作用，是管理工作中应有的认知。

主动做些分外事

看到一个小视频：一个人想用瓶子里的水洗手，于是一只手拿起瓶子，将水倒入另一只手手心，再放下瓶子双手搓洗，倒一点搓洗一下。这时过来一个人，主动帮忙倒水，之后收走了空瓶子，原来帮忙的人是捡废品的。这个视频的标题是“主动点，业绩就来了”。情景编辑得很有意思，给人很好的启发。多些主动，就会获得更多的机会，做出更多的工作业绩。

多数人都能按照岗位本职去干工作，但在职责之外，经常会有一些任务不好界定属于哪个部门，应该由哪个人去干。基层单位，一根针上面有千条线，好多上级部署的工作，基层都没有相应的部门设置和专门的工作人员。有时接一个通知，布置一项任务，得经过多次沟通协调。对待“分外”的工作，不同的人有不同的认知，表现也不同。

主动做一些分外的事情，是工作人员应该有的认知。“上面千条线，下面一根针”，不是所有的工作都能找到具体承担的科室和责任人，特别是人员编制少的单位。接到工作任务，领导安排给谁都有一定的道理，都合理。多数部门、岗位职责的最后一条，一般都是完成领导交办的其他工作。所谓的分外工作，其实都是分内应该做的，每一个职场人员，都应该有这样的认知和责任意识。

能主动承担分外工作，体现的是一种态度、一种工作精神。一个单位、一个部门，有人愿意做好分外事，才能够保证所有工作不落空。制度不可能涵盖全面，主动补位的人，他们像填缝剂一样，能随时查漏补缺，保障一个单位的良性运行。“我是革命一块砖，哪里需要哪里搬。”在能力和精力允许的范围内，承担些分外工作，有助于一个人的成长，有助于培养责任意识和协作意识。承担分外工作，是一种担当、一种勇气，会让人刮目相看。能主动做好分外事的人，一定具有很好的个人素养，这种人是推动单位发展进步的重要人才。

主动承担分外事的人，有时候会被称作“老好人”，表面上看起来他们不懂得拒绝，实际上这是他们良好的人格修养和工作素养的体现。主动做一些分外事，体现的是风格、是态度、是涵养。额外的工作更能展示自己的能力，体现自己的增值价值。做好职责内的工作是本分，做好职责外的工作是本事。

阳明先生说："夫不辞险阻艰难而决意向前，此正是'诚意'。审如是，则其所以问道途，具资斧，戒舟车，皆有不容已者。不然，又安在其为决意向前，而亦安所前乎？"分内的事坚决做好，分外的事坚持做好，敢于承担分外事，是工作的较高境界。

责任是一种境界

参加一个公益读书会，负责组织的人员甚是负责，每到学习时间，都不厌其烦地通知大家按时打卡、交作业等，半年过去了，一点都没有松懈。这种负责精神让每个成员都非常佩服，学习也取得了很好的效果。

责任是对自身所承担义务和使命的认识和履行，无论是对于家庭、单位还是社会，每个人都肩负着不可推卸的责任。责任意识，既是对自己的要求，也是对他人的承诺。正因为有了责任，我们才能够时刻警醒自己，不断影响他人，共同努力前行。

一、责任是向好的内生力量，对职场人尤为重要

有人说，工作人员责任是第一位的，其他的都可以再生。这句话很有道理。对事业的责任感是一种人生态度。只有心存责任，工作中才会有干劲，才会有动力，才能做出成绩。没有责任感，就不可能尽职尽力，就做不好工作。

二、责任是组织的宝贵财富，也是一个人的宝贵品质

古人说："政如农功，日夜思之。"对待自己的职责，要像农户耕种一样，白天晚上都想着，一日三省，如履薄冰，尽心尽力，做到对上、对下、对自己负责相一致。认真履行责任，不仅会得到他人的认可和尊重，更会在实践中不断积累经验、提升能力，进而达到更高的境界。

三、责任与境界相辅相成，共同构成工作的重要支柱

履职尽责有利于提升自己的境界，境界的提升又可以更好地帮助自己履行职责。工作中保持谦虚谨慎的态度，不断学习实践，才能够实现责任与境界的双提升。正如阳明先生所说："诸君只要常常怀个'遁世无闷，不见是而无闷'之心，依此良知，忍耐做去，不管人非笑，不管人毁谤，不管人荣辱，任他功夫有进有退，我只是这致良知的主宰不息，久久自然有得力处，一切外事亦自

能不动。”

随着社会的快速发展和变革，人们面临着越来越多的挑战和诱惑，责任心和良知的重要性越发凸显。只有具备强烈的责任心和良知心，才能坚守住品德修养，保持好工作品格，在细节中展现风格，在诱惑和惰性面前做出正确选择。坚守对待工作的责任心，需要不断学习，提升自己的道德修养，使之成为指导行为的内在力量。我们要做一个真正有责任感、有良知心的人，为社会的发展和进步贡献自己的力量。

阳明先生说：“惟天下之事，成于责任之专一，而败于职守之分挠。”坚持正确的责任观，提升工作境界，推动工作落实，是工作管理和自我管理的重要内容。

节约每一张纸

一次，同事给我一份通知的草稿，翻阅的时候，我发现是用废纸反面打印的，同事解释说，由于工作需要，他们部门打印材料用的纸多，单面打印的废纸便留着用来再打印一些草稿。后来发现，同事办公室有一个专门存放废纸的盒子，大家都自觉地这样做。在物资比较丰富的今天，几个“80后”“90后”的年轻人能有这种节约意识，实在难能可贵。

节约是传统美德，“60后”“70后”多数人小时候条件都比较艰苦，对物资较为珍惜，以至于现在还保留着节约的习惯。所以，每当看到浪费的现象，我内心都过意不去，不由自主地就会想评判。再上一辈的老人，比我们这一代更注重节约。换位思考，不同的经历有着不同的认知观念，但是道理都是相通的。

节约不仅是一张纸的问题，节约反映的是价值观念、做事的心态，体现了对自然资源的看法、对集体资产的责任心。

节约也并不是过苦日子，苛刻地要求自己，而是能节约的就节约，该享受的就享受。消费支出要与自己的经济条件相匹配，与社会发展相适应，与周围环境相协调，在真正需要用钱的地方大方，在可以节约的地方节约，总之，要让所有的资源变得有价值、消耗得有意义，而不做无谓的浪费。比如说用电，为人提供照明，与人方便，这就有价值；人不在屋内，让灯亮着、空调开着，耗费电力，就是一种浪费。这个道理非常简单。

节俭是文明的标志。当前浪费现象还很严重。节约需要注意的方面有很多，也有很多可以拓展的空间。从一张纸开始，用好每一支笔，什么时间开空调，什么时间开灯等，都要按需索取。工作中的节约涉及方方面面，随手而为，量力而行，一点一滴都有节约的空间。“俭，德之共也；侈，恶之大也。”节约意识是修身的基础。节约需要成为一种自觉，成为一种习惯。一滴水、一张纸、一粒米、一度电都来之不易，每个人的一小步，都是迈向社会文明的一大步。

阳明先生说："道之不明，皆由吾辈明之于口而不明之于身，是以徒腾颊舌，未能不言而信。"事情难以做好，多是因为嘴上说得好听，却不去身体力行，以致徒费口舌，让人无法相信。理解节约的意义，自觉做到节约，力所能及地节俭，是一种美德。

标准化有好处

单位创建服务标准化试点，在参与的过程中，我学到不少关于标准化的专业知识，也对这个词产生了兴趣，多了一些关注。

标准是科学、技术和实践经验的总结。为在一定范围内获得最佳秩序，针对实际的或潜在的问题制定共同的和重复使用的规则的活动，即制定、发布及实施标准的过程，称为“标准化”。标准是结果，标准化是过程。

工作有标准要求，在工作中实行标准化管理已经成为共识。一直以为标准化仅仅是生产企业的产物，仔细思考，其实生活中也有很多标准，例如，几乎所有的物品都含有标准化的内容：灯具的接口、插座的型号、铅笔的尺寸……标准如此之多，存在于我们周围的事事物物，和每个人的工作、生活息息相关，以致日常生活中我们有时意识不到标准化的重要性。

标准化在工作中是防止出错的重要方法。比如说，大夫做手术时，必须多次清点、查对器械物品，不按照这个标准来执行，就有发生差错的可能性。棉纱遗漏在病人体内的现实例子，就充分说明了这一点。有些规范要求看似啰唆、烦琐、呆板，实际上是一种标准化要求，能够规避风险点、有效防范差错事故。

标准最大的好处是摆脱了人的主观差异化的限制，该怎么做就怎么做，有一定的具体要求。

所有的管理者都必须有这样的觉悟：只有形成制度化、流程化、智能化的管理思维，才能持续保持竞争优势，企业才能行稳致远。

标准化已经渗透到我们工作、生活的方方面面，从产品标准到管理标准、工作标准、生活标准，以及执法标准、诊断标准、道德标准、职业标准等，标准已无处不在。从内心的道德标准到外在的行为标准，从外在有形的标准到内心无形的标准，这种认知，不断循环往复，促进社会和人类发展进步，也许这就是现实中标准的知行合一。

阳明先生说：“无事时固是独知，有事时亦是独知。”经验是感性，标准是理性，感性易犯错误，理性会弥补不足。适应标准化要求，按照标准做事，遵守必要的规范和流程，是工作中应有的认知。

执行好制度

参加教育培训活动，短短一上午接受了两次课堂查岗，组织者在课后立即对查岗情况进行了通报，并责令有关缺席人员做出检查说明。接下来的培训，无论是出勤率还是听课纪律，都保持得很好。这种严肃认真的做法非常好。

有人说，组织的力量来自两个方面：一个是激情，另一个是理性。激情使组织充满活力，理性使组织纪律严明、运行规范有序。制度是激情和理性的平衡器，执行好制度具有重要的意义。

一、一分部署，九分落实

制度的生命在于执行，否则再好的制度也是摆设，没有实际的作用。

把制度执行好，不是几句话能说明白的。古人说："天下之事，不难于立法，而难于法之必行；不难于听言，而难于言之必效。"制度表面看是需要人去执行，实际上更需要人去落实。在单位中，中层干部承上启下，是执行制度的关键环节。

二、制度是言行的标尺

没有制度，工作无法开展。制度为我们的言行指明了方向，该说什么不该说什么，都有原则规定，该做什么不该做什么，做到什么标准，都有明确的要求，只要按照制度的要求去做，生活、工作就会有序、有规律。不按制度执行，没有标准可遵循，就会出现混乱无序的局面。

三、扎紧制度的笼子

再完善的制度，也会有一定的漏洞，工作实践中，要及时发现漏洞，扎紧制度的笼子。让制度趋于完善、规范，非常关键。

四、制度不能过于人性化

管理要坚持原则，严管厚爱，宽严相济，松紧有度，才能执行好制度。过于人性化，会让人的私心泛滥，最后带来的必然是难以周全。有人管理上习惯当老好人，睁一只眼闭一只眼，表面上看是一团和气，实际上是埋下了隐患。韩非子说："道私者乱，道法者治。"执行制度要有一定的强度和限度，切忌让乡愿盛行。不能让制度成为"稻草人"，以致演变成"破窗效应"。

五、执行好制度是为长远着想

管理的本质，是为了让集体更规范运行，让个人更健康发展。对违反制度的现象不指出，既不利于集体发展，更不利于个人成长。有人刚参加工作，就做事推一推动一动，如果不及时指出这种行为的危害性，就会误导年轻人的工作认知，放任下去，必然会影响个人成长进步。执行好制度的本质，实际上是为每个人的长远利益着想，谨防小利变成大害，让个人的私心泛滥，阻碍个人和团队的事业发展。

六、小事不可小看

日常制度的主要作用是管住"小事"，管理得从小事上入手，只有在小事上严格，"执行无借口，落实全到位"，才有可能在大事上令行禁止、言出法随。

阳明先生说："省察是有事时存养，存养是无事时省察。"最好的制度是良知，落实好制度，是每个工作人员应尽的职责，做好制度的执行者，是必须具备的工作认知。

敬畏在日常

在朋友家小区门口聚餐，大家都喝了酒，打算把车开到朋友小区里，各自步行回去，朋友却打电话让家里人来挪车，有些朋友嫌他过于谨慎，我却觉得他很有原则。喝酒不开车，开车不喝酒，这是法律的基本要求，再近的距离也不能违反。

敬畏之心，其重要性不言而喻，作为一名工作人员，除了法律、道德等基本的约束，还有三个方面的敬畏必不可少。

一、敬畏岗位

岗位是每个人安身立命之本，也是干事创业、有所作为的平台。无论曾经经历的还是正在从事的岗位，都是生命中的缘分所在。敬畏岗位，蕴含着对本职工作的珍惜和勤政意识，体现出敢于担当的责任与义务。工作中，敬畏岗位，就是把本职工作中的小事当作大事来做，就是有大局意识，就是用一颗感恩的心对待工作，取得工作成绩不骄傲，有了缺点、遇到问题不掩饰，坦坦荡荡，诚心诚意，不文过饰非，不争名逐利，力所能及地做好工作。

二、敬畏规矩

规矩是约束行为的基本规范，内涵非常丰富，既包括党纪国法、规章制度等硬约束，也包括道德规范、礼仪标准等软约束。古人说："凡善怕者，必身有所正，言有所规，行有所止，偶有逾矩，亦不出大格。"这说明有敬畏之心的人不会出大的差错。人一旦没了敬畏之心，往往就会肆无忌惮、为所欲为，甚至是无法无天。没有敬畏之心的人是可怕的，不知道应该敬畏什么的人是可悲的。在工作岗位上，要常怀敬畏之心，将规矩内化于心、外化于行，从遵守日常规章制度，到遵守法律法规，让良好的作风成为习惯，让习惯成为自觉行动。

三、敬畏集体

马克思曾说："只有在集体中，个人才能获得全面发展其才能的手段，也就是说，只有在集体中才可能有个人自由。”敬畏集体，就要摆正个人与集体的关系，始终牢记自己是集体中普通的一员，将个人价值追求和集体价值实现结合起来，把敬畏之心当作履行职责的基本底线。敬畏集体，就要强化集体观念，把个人服从组织、下级服从上级摆在更高位置。

《论语》中说：“居处恭，执事敬，与人忠。”生活起居要端庄恭敬，办事情要严肃认真，待人接物要诚信忠诚。敬畏不在远处，而在日常生活中，在对待身边人的态度上。“心即理也。学者，学此心也；求者，求此心也。”知行合一就是内外一致，只有从内心里尊敬人，有畏惧的事，有为善的心，才能行有所止。

阳明先生说：“为善虽人不知，积之既久，自然善积而不可掩；为恶若不知改，积之既久，必至恶积而不可赦。”没有绝对自由的空间，相对的自由才是享受生活、做好工作的基础。保持日常的敬畏之心，才能知善知恶、为善去恶，以诚敬之心做好工作。

集中好精力

朋友讲了一件工作中遇到的事情：安排一个下属工作，连续几次都没有安排下去，原因都是手中该干完的工作还没干完。朋友告诉我，这个下属经常不能集中精力工作，一到关键时刻就掉链子。工作中这种情况并不少见。

一、学会均衡用力

保证精力除了要有健康的身体，还得会分配精力。精力多由时间和能力组成，一般来讲，能力各有侧重，时间大致相同，关键看怎么分配。一个人的精力总是有限的，在一定时期内必须有一定的重点，将更多的精力用在对事情的统筹上，切不可事事同样用力，也不能本末倒置。比如学生时期在玩儿上用的精力大，那么学习上的时间就少。在私事上用的工夫多，用在公事上的精力必然相对较少。力气用到哪里，时间用到哪里，如何均衡用力，涉及工作成效，需要认真思考。

二、统筹解决方法

每个人都会遇到时间冲突的情况，有没有主动克服困难的意识很重要。单位中有两个年轻人，个人情况基本类似，每当单位有应急工作，一个总是能承担下来，很少耽误工作，另一个不仅应急情况不接招儿，正常工作时间也经常因私事请假，时间长了，领导对总请假的这个年轻人很不满意，多次提醒他要平衡好家庭和工作。

三、做好时间管理

管理好时间有益于集中精力干工作。时间管理有很多种方法：用“番茄法”可以增强工作注意力、提高效率，“清单法”可以避免遗漏，“四象限法”可以分出轻重缓急、排出先后次序，“平衡卡法”可以统筹兼顾，平衡好时间与精力……这些都是很好的时间管理办法。还有人为了更好地统筹工作与生活，提前做好预案，适当地借助外力，确保遇到特殊情况时有机动的办法。比如下班该去接孩子了，有临时工作需要加班，休息时间有应急加班任务，这些都需要及时找到解决办法才能不影响工作。对于家人和孩子，要想没有后顾之忧，家庭的和谐和家人间的相互支持是坚强的后盾。

四、“破解”忙的心态

很多时候，忙只是因为心不静。与古代相比，现代社会科技发达，工作效率更高，生活节奏更快，忙是工作、生活的常态，以致许多人对待吃饭、睡觉，常常心不在焉。正如阳明先生所形容的：“今人于吃饭时，虽无一事在前，其心常役役不宁，只缘此心忙惯了，所以收摄不住。”这句话用在当今，一点也不过时。现代人的忙也多是心忙，不知道自己有什么、要什么、什么时候该干什么，方向不明心不静，自然就精力分散。

关于如何“破解”忙的心态，有弟子问阳明先生：“寻常意思多忙，有事固忙，无事亦忙，何也?”阳明先生回答说：“天地气机，元无一息之停。然有个主宰，故不先不后，不急不缓。虽千变万化，而主宰常定。人得此而生。若主宰定时，与天运一般不息，虽酬酢万变，常是从容自在，所谓‘天君泰然，百体从令’。若无主宰，便只是这气奔放，如何不忙?”

“圣人之心如明镜，只是一个明，则随感而应，无物不照。”每个人都是自己的主宰，学会管理时间，分配好精力，处理好外务与内务的关系，分清轻重缓急，稳定好心神，集中好精力，是干好工作的基础。

遵守好纪律

参加一个公众活动，有个单位的人先在会场外集合，然后整队入场，按照指定区域就座，坐姿整齐，精神饱满，展现了良好的团队形象和纪律作风。

部队里有一个形象的说法，叫作“一日练一日功，一日不练百日空”，意思是良好习惯的形成，都有一个从量变到质变的过程。最实际的一个例子就是叠被子，叠被子是内务的一个重要内容，被子要叠得有棱有角，像豆腐块一样。看似一件很简单的事，天天坚持做好，却不容易。有人觉得没必要将大量的时间浪费在这些琐碎的事情上，认为有叠被子的时间，不如去练一点真功夫。内务整理和纪律作风，不仅是外在形象，也是一种文化和风尚，对团队能提振精神、鼓舞士气，对个人能内强素质、外塑形象。

纪律是一种意识，但也可以通过习惯转化为一种下意识的行为。古人说“君子欲无得罪于昭昭，先无得罪于冥冥”，意思是要在人前不犯错误，就要在独处时严格要求自己。一旦养成了好的习惯，就会把遵守纪律外践于行，遵守纪律就会成为一种自发自觉的行为。

当过兵的人，坐立行都很规范，这是长期训练养成的习惯；受过严格约束的人，一般来说都比较准时，这就是习惯养成的作用。纪律性强的人，总是很守时，而且能全身心投入，不容易开小差，会上认真听、认真记，会后有落实，活动有成效，体现了较高的工作素养。

纪律的重要性不言而喻，即使是一个表面看起来散漫的人，也知道遵守纪律对个人形象乃至成长的重要意义，这一点毋庸置疑。纪律的终极目的是集体有序、个人幸福。集体没有纪律约束，会乱成一团麻，什么事情都干不好；个人失去纪律约束，就会无所适从，就会迷茫。

要让守纪成为一个人稳定的行为习惯，成为一个人的精神内涵，从根本上来说要长期有意识地培养。人的习惯不是一天养成的，工作纪律也是这样，纪律作风建设永远在路上，要反复抓、锲而不舍地抓，要让纪律作风成为内在自觉，成为行为习惯。

阳明先生说，“见贤思齐焉，见不贤而内自省，则不至于责人已甚，而自治严矣”“夫警惕者，万善之本，而众美之基也”。强化纪律观念，内强素质外塑形象，让遵规守纪成为习惯，让纪律作风内化于心、外化于行，于个人于单位于集体都很有必要。

规矩不能忘

连续几天下大雨，晚上没睡好，心想路上水大也不好走，就有了懈怠，想晚会儿去上班，转念又觉得迟到不好，于是一路狂奔，正好赶在上班时间点前到了单位，心里一下子踏实了。

人最怕的是自己管不住自己。多数情况下大家都能守住规矩，但在一些特殊情况下，容易忘了规矩，失了分寸。每个人都要有律己意识，时常自警自省。辩证法告诉我们，自由和纪律从来都是相对的，看似严格的制度，对我们不仅是约束，更是保护。只有遵守规矩，始终在规矩的约束下行动，内心才能安定踏实，才会恬静快乐、生活幸福。阳明先生在写给弟子的信中说："凡人言语正到快意时，便截然能忍默得；意气正到发扬时，便翕然能收敛得；愤怒嗜欲正到腾沸时，便廓然能消化得。此非天下之大勇者不能也。"阳明先生说的这三点，是非常高远的要求。经常反思自己的思想，反思自己的行为，检点自己的作风，就能及时责善改过，少些张狂，谨言慎行。

现在规章制度都比较切合实际，基本没有多少苛刻的要求。对一个工作人员来说，上下班制度、值班制度、会议制度、集体活动制度等，都是必不可少的。古人说："欲知平直，则必准绳；欲知方圆，则必规矩。"规矩是每个人最基本的底线，不论是在单位、在家里还是在社会上，我们都要遵规守矩。没有规矩社会就无法运行，不守规矩生活就会混乱无序。从人的本性上来讲，每个人都追求自由最大化，越自由越好，但是现实生活中这是不可能的。自由必须在一定的规矩之内、在一定的原则之内，没有规矩不成方圆。

明朝开国皇帝朱元璋曾经问大臣：什么人最快活？文武百官众说纷纭，有说功成名就的，有说富甲天下的，有说儿孙满堂的，但是让朱元璋最赞赏的是一个叫万纲的大臣的回答：畏法度者最快活。这句话的意思是说害怕法律的人最快活，守规则的人最快活。为什么？因为这样的人最坦然、最安全。

很多规矩在教育的过程中被人为地破坏或者忽视，为人之初就立好规矩、工作场合学习好规矩，尤为重要。

阳明先生说："是非两字是个大规矩，巧处则存乎其人。"规矩是做好工作的前提，也是做人处事的底线。如何遵守规矩，最好的答案是问问良知，因为规矩就在人的心中。

养成好习惯

参加一个临时性会议，总共10多个人参加，有带着笔记本和笔来的，也有空手来的。仔细观察，有的人习惯参加会议时带着笔记本和笔，有的人则习惯不带。虽然带不带记录本等和工作好不好没有必然联系，但养成做好会议记录的习惯，应该更有助于会议精神的落实，这是共识，也是一种常识。

《荀子》有云“积行成习，积习成性，积性成命”，意思是行为决定习惯，习惯决定性格，性格决定命运。这充分说明了习惯的重要性。研究发现，一个人工作或者学习的好坏，信心、意志、习惯、兴趣等后天因素起主要作用，而习惯的作用至关重要。心理学家威廉·詹姆斯总结说，我们的一生，不过是无数习惯的总和。其实，工作中的认知，也体现在一些习惯上。

一、提前到位的习惯

无论是上班、开会还是参加其他活动，都要尽量提前到位。实践证明，如果卡着点去，迟到的概率非常大，经常这样，就可能经常迟到。习惯养成以后很难改变，所以做任何事，最好都给自己留点余地。有一种观点认为“准时就是迟到”，很有道理。凡事提前几分钟，在遇到突发情况的时候就可能有补救机会，也不会让自己总是着急忙慌。比如每天提前10分钟起床，提前10分钟出门……一天的生活就会从容很多。

二、善于倾听的习惯

耐心听别人讲话是一种高层次的修养，特别是在工作场合，认真倾听更为重要。这不但是待人接物基本的礼貌，而且能从别人的言行中获得有价值的信息。耐心听人讲话，是吸收智慧的一个重要途径。因此，养成倾听习惯很有必要。

三、自我反思的习惯

遇到问题，不要急着推脱责任，更不要忙着抱怨，而应该首先从自己身上找原因，问问自己还有什么做得不够好，有则改之，无则加勉。这是自我提升的好习惯，也是能与团队协作共赢的好品质，如果能养成这样的习惯，就会积淀成工作素养，对做好工作非常有益。

四、及时回复的习惯

工作做完之后，应及时回复，说明落实情况和结果，如果工作不能如期完成，更要说清楚，而不是默不作声、没有下文，让别人去猜测；收到邮件或者短信、微信消息，要及时回复，即使一时没看到或者忘记回复，也要在发现后及早回复，晚回复总比不回复好。办事没有结果，不回复信息，会给人以不靠谱的印象，这涉及一个人的诚信。

五、“拉清单”的习惯

凡事预则立，开始工作前，先静下心来理出思路，拉个清单，将事情分个轻重缓急，做好初步的日常工作安排，做到心中有数。根据清单任务，先做重要、紧急的，再做重要、不紧急的，然后是紧急、不重要的，最后是不重要、不紧急的，如果时间不够，后面两个就可以适当舍弃或授权他人，由他人代劳。力争当日事当日毕，这样既能保证工作效率，又能合理利用时间，工作起来才能重点突出、有条不紊。

六、集中精力的习惯

手机已经成为工作、生活中离不开的工具，在一定程度上也成为消耗时间的“杀手”，以致很多本该利用的时间都被手机占用了。也许有时候看手机是为了学习或工作，但很多时候可能只是习惯于刷无关紧要的内容，因此，浪费了大量宝贵的时间和精力。集中精力，专心于当下，能够更有效地利用时间，防止时间碎片化。

习惯看似小事，其实关乎大节。大的改变常在小的习惯里，小的习惯也推动着大的变化。叶圣陶说过，教育就是培养习惯。习惯的养成一般要经过一个认知转变的过程，无论是自我领悟还是外界强制，都很有必要，自律变为习惯会让人很有成就感。习惯的转变表面上简单，其中的过程非常艰难，也需知行合一。

阳明先生说：“辨既明矣，思既慎矣，问既审矣，学既能矣，又从而不息其功焉，斯之谓笃行。”已经懂得了，还是持续不断地用功，这就叫“笃行”。刻意培养好习惯，是保持好的工作状态、不断提升工作能力的关键。

会场不要接电话

参加视频会议时，突然听到有人在通电话，声音尽管压得很低，周围的同事却听得很清晰，大家都觉得刺耳。其实在会前，主持人就强调了会议纪律，让大家把手机调至静音状态，不要接听电话。这样一个人人都可以做到的要求，往往却不是人人都能做到，会场响起铃声以及接打电话的情况依然时常存在。

工作、生活中，手机是一种最常用的工具，随身携带，几乎片刻不离，以至于随时接打电话成为习惯。接打电话有一些礼仪要求，有一些时候，比如在参加会议或者重要谈话时，随意接打电话就不合适。

参加会议或者是重要的谈话场合，把手机调至静音或者关机状态，是遵守与会纪律的基本要求。这种场合，若手机铃声不合时宜地响了起来，会引得大家纷纷侧目，被动转移注意力，会影响会议效果，也是对台上讲者的不尊重。在会场不接电话，只是一个原则性要求，如果确有重要或紧急事项，那另当别论。比如医院里医生们开会，遇到急诊急救需要处理，就可以接听甚至离开会场，紧急情况，大家也会理解。

一次去一家企业参加座谈交流会，整整一个小时的时间，临近结束才感觉到会场内没有一个人接打过电话，不由得对这家单位的工作素养肃然起敬。有些单位组织重要会议的时候，专门要求大家会前集中上交手机，会后再发给大家，目的就是保证会场的严肃性。虽然这样看起来不够人性化，但对于严肃会风会纪，增强会议效果，确实具有很好的作用。

工作和生活不同，生活是在个性化的场所，自主性较大，工作是在制度化场所，注重原则性。会场随意接打电话，看似一件小事，实际上反映出规矩意识淡薄、纪律作风不强、心思不在当下。这些虽然是小节，但长此以往，养成了习惯，就会形成涣散作风，影响单位形象。

阳明先生说：“吾侪用功，却须专心致志在‘夭寿不贰、修身以俟’上做，只此便是做尽心、知天功夫之始。正如学起立移步，便是学奔走千里之始。”养成好的工作习惯，需要从一点一滴做起，在合适的时候做合适的事，是工作中需要注意的细节。

时间要宽松

一次去高铁站乘车，按照往常出发的时间动身，没想到由于修路，再加上是下雨天，车辆堵塞，时间不够用，错过了乘车时间，不得不重新调整车次。这样一件事，让我再次对时间安排进行了反思。

曾经组织一个集体活动，考虑到集合时间太早于大家不太方便，就把出发的时间安排得稍晚一些。结果，到了预定出发时间，只有一半人按时上车，其余的有正在吃饭的，有在路上的，还有在换衣服的，一会儿来一个，左等右等，最终比原计划出发时间晚了近20分钟，加之路上车多人多，到达目的地时时间已经很晚了。

事非经过不知难。之所以把这样的事情记下来，是因为当时在路上的心情，非常羞愧、难过。虽然没有造成什么严重后果，但是教训十分深刻。这让我时刻提醒自己，今后在类似的活动中，一定要充分考虑各种因素，不能把时间安排得这么紧，否则一旦出现预料之外的情况，势必影响计划进行。重要的活动必须事先留出空余时间。

参加集体活动，组织集体活动，一定要留出适当的时间。这个时间安排要有一定的度，集合早了，浪费大家的时间，晚了则有可能耽误事。特别是外出类集体活动，还要考虑距离、路况等方面的因素，每一次的活动安排，都是对组织者能力的一次检验。

组织活动时一定要统筹考虑，从集体的角度、全局的高度出发，过于考虑个性化需求有时候会因小失大。

阳明先生说："良知愈思愈精明，若不精思，漫然随事应去，良知便粗了。"认真做事才能把事情做对，用心做事才能把事情做好。凡事都需用点心思，把时间安排妥当，重要的事情时间要留得宽松些，这是工作中必须关注的细节。

制服要规范

外出参加活动，发现有的单位要求统一穿制服，这样一看就知道是哪个部门的，还显得整齐划一。

制服是一个行业或者一个单位在服装方面的标志。在某些行业，总会看到其制式服装，既突出了其行业特色，又显示出工作人员独特的气质，这就是制服的魅力。

传统的制服多集中在执行安全、稳定、管理等公务的部门，如军队、政法、税务、工商、综合行政执法等部门。这些部门的制服，带有严肃、庄重的色彩，令人敬重。随着经济的发展、行业的扩充，制服也有了更多的延伸，种类也越来越多，很多企事业单位也都设计了统一的服装，以及行业文化标识，等等。

制式服装主要是在工作场合、工作期间的着装，不同行业或者是不同单位，对什么时间着制服都有明确的规定。但是，在实际执行中，却往往没那么严格，经常有不按要求穿制服或者穿半身制服的现象。比如穿着制服上衣，裤子却不配套，身上穿着一身制服，鞋和袜子不配套，让本来庄重、规范的制服效果打了折扣。

一、制服是一种仪式

制服是一种仪式，因为它能不断提醒自己，强化自我约束，将自己的内心和外在世界连接起来，进而感受到自己的力量，找到自己的价值定位。从工作角度说，制服是最直接、最基本的身份传播媒介。无论是公安干警执行安全任务、检察官代表国家公诉，还是法官依法审判，只有身着制服，才能体现执法的仪式感和法律权威。身着制服也能时刻提醒执法人员，要公正执法，不枉不纵，维护公平正义，维护法律尊严。

二、制服是一种约束

穿上制服，就代表了一个单位，个人的一言一行、一举一动都和这身服装连接在一起，都和工作联系在一起，都代表着单位的形象。作为一名工作人员，什么该做什么不该做，都是有具体规定的，要时时刻刻受到监督，因此要时刻注意自己的言行。而不着制服，即使在单位里上班，也会在无形中降低这种约束力，因为你可能混同于普通人，也就会不自觉地降低对自己的要求。

三、制服是一种责任

穿制服是为了彰显某个群体的特征，或者是为了表现出某个群体的气质和内涵。制服的变化反映出社会的发展，服装的转变反映出观念的转变。制服是身份的代表、职业的象征，穿着制服的魅力在于人们会要求自己更好地完成其肩负的使命。制服不仅仅是一套服装，更是一种责任、一种信仰、一种约束。如何看待制服，在一定程度上反映出工作的态度，体现出对职业的认同。而如何穿好制服，则体现了一个人的工作状态。

阳明先生说："凡谓之行者，只是着实去做这件事。若着实做学问思辨的功夫，则学问思辨亦便是行矣。"在一些重要的工作场合规范着装，特别是规范穿着制服，对一个单位有着重要的意义，对每个工作人员也有着重要的意义。

仪式有意义

朋友到外地工作，我们聚餐送行，大家逐一向朋友表示祝福，朋友非常激动。交流中提到仪式问题，大家一致认为仪式感非常重要。

古人说："仪、式、刑，皆法也。"中华民族被称为"礼仪之邦"，"礼"是内在的敬意，"仪"是外表的形式，"礼"通过"仪"来表现。中国传统文化里，向来是注重"仪式感"的，常见的活动如升旗、庆典等，都有一定的仪式仪轨。用一定的仪式来表达情感能增加效果，仪式感能让人们对生活充满期待，仪式感能让人们对工作充满使命感，是工作、生活中不可或缺的。

随着年龄的增长和阅历的增加，以前认为既费钱又费力的一些仪式，现在越来越能理解其中蕴含的意义，也逐渐体会到仪式的必要性。仪式给当事人和主要参与者带来的更多的是内心的触动和情感的回应。比如一年一度的总结表彰大会，即使没有物质奖励，仅仅是一张奖状，也能让人为单位对自己的认可而激动，进而增强工作信心，充满干劲。

一、仪式是一种重视

仪式是指典礼的秩序形式，仪式是重大活动的必备程序。重要的工作，不设置一定的程序，没有程序性的仪式，就容易被人们轻视。

二、仪式是一种真诚

仪式需要真诚，需要用心，否则就是形式。阳明先生说："若只是那些仪节求得是当，便谓至善，即如今扮戏子，扮得许多温凊奉养的仪节是当，亦可谓之至善矣！"不投入足够的真诚和感情，仪式也就失去了应有的意义。就如话剧演员谢幕，每一步骤都仪式感十足，演员们把谢幕当成正式演出的一部分，用真情实感和充分到位的动作来表达对观众的感谢，观众感受到这种情谊，自然也会以雷鸣般的掌声予以回馈。这是一种真诚互动的仪式。

三、仪式是一种感觉

平淡是生活的常态，仪式感是平淡生活里的调味品。这个小小的调味品，可以让人们感受到寻常生活里的珍贵。生活中需要一些有仪式感的东西来提醒我们，还有一些值得纪念的日子。

四、仪式是一种心态

仪式感的背后，是对生活的热爱。偶尔给自己来点小小的仪式，生活中也就会多一点色彩。《小王子》里说，仪式感就是使某一天与其他日子不同，使某一时刻与其他时刻不同。仪式感并不是要花多少钱、玩多大的花样，它体现的是我们对生命的尊重和对生活的热爱。

五、仪式是一种升华

人生的意义是人为赋予的，用仪式给生活赋予一定的含义，让精神得到升华，仪式就变得很有价值。作家李思圆说，仪式感是把单调普通的事情，变得不一样，对此怀有敬畏心理。有了仪式感，人们的工作、生活就更加庄严。不仅是大事、要事、喜事，生产经营也需要仪式，很多企业都重视仪式，因为仪式是一种生产力，是激情和力量的源泉。比如一个单位的周年庆，就能回顾历史、传承文化、提升员工士气，实现对企业文化的总结凝练和升华。

阳明先生说：“圣人之学，只是一诚而已。”“君子以忠信为利，礼义为福。”仪式是发自内心的感觉，心在当时，就是仪式，心不在焉，就是形式。按照良知去做，重视仪式，赋予仪式使命和意义，才是知行合一。

拿出该有的样子

单位举行比赛活动，选了没有舞台经验的两位新同志来主持，经过培训，两位新同志有了很大的进步，但主持起来总感觉缺点什么，于是单位邀请了专业主持人来辅导，两位新同志才逐渐找到了感觉，掌握了主持的要领，最终取得了很好的主持效果。

排练期间，在台下的时候，两位专业主持人坐立行都和其他人大同小异，可一到了舞台上，他们就立马显示出特有的气质，落落大方，表达清晰，举手投足都充满了精气神和舞台效果，和台下是截然不同的两种状态。

不同的环境有不同的形式要求，主持是一种艺术，艺术来源于生活，还要高于生活。艺术是用来展示的，只有高于生活、升华了生活，才能给人以触动的效果，给人以震撼的力量。《菜根谭》中写道："鹰立如睡，虎行似病。"雄鹰在捕食前立于枝头，好像在打盹一样，猛虎平时行走的时候，宛如生病一般，然而，这不过是它们休闲的状态，关键的时候它们会表现出雄鹰和猛虎的气概。

生活有生活的状态，工作有工作的状态，在家有在家的样子，待客有待客的礼节，各种角色各方面要求不同。工作中有具体的规范，有一定的规矩要求，有必要的仪式感。自己在家里可以安逸一点，来了客人就需要有待客的坐姿，以免失了礼节。反过来讲，如果回到自己家里，和家人一起的时候依然正襟危坐、不苟言笑，就失去了生活情趣，也不合时宜。

工作的时候，也该拿出工作的样子，拿出应有的状态。古人说："知至至之，知终终之。"在什么时候就要做什么样的事情，这是适应社会的需要，也是一种活在当下、适应当前的致良知。曾经看到过一个视频，一位年轻的高速公路收费员被前面的顾客骂哭，刚刚还在偷偷抹眼泪，后一秒面对下一位顾客时就调整到了微笑服务状态。这既体现了严谨规范的工作精神，也展现了及时调整状态的能力，这就是工作中该有的样子。

能力源于平时的积累，源于生活的历练，但是又高于生活、超出生活。比如有人平时默默无闻，一旦到了擅长的领域，有了施展的平台，就会展示出独特的魅力。主持人是这样，有些领域的专家、有些技能高超的艺人也是这样。他们在生活中和大家看不出区别，一旦到了他们擅长的专业领域，他们眼里就有了光，就有了精气神，一下子就像换了一个人，给人以强大的感染力。

阳明先生说："盖日用之间，见闻酬酢，虽千头万绪，莫非良知之发用流行。"不同的场景需要不同的能力，不同的角色需要不同的素养。及时调整方向以适应当前的状态，就是"知行合一"。

做好日清月结

单位实行定期报送工作总结制度，有个部门的工作总结特别有条理，总结形式是条目式的，每项工作都清晰明了，虽然简练，却能从中看到平时下的功夫。俗话说，好记性不如烂笔头，基层单位事务多、工作琐碎，及时记录是一个很好的习惯，有助于定期回顾、总结。

建立工作清单并日清月结，是工作中的良好习惯。每天下班前简单回顾下当天的工作，简要记录下来，特别是重大事项、重要数据，都要留存好。还可以梳理出来次日或者下一步的计划，形成日清单、周计划、月总结、季总结等。养成日清月结的好习惯，有利于工作落实不漏项、重要工作留痕迹，每天都有记录，阶段性总结就轻而易举了。

一次看到洗手盆不干净，顺便刷了刷，结果刷了两遍依然没看出原色，这才意识到好久没有刷洗手盆了，上面的灰垢积得太久，都变色了。茶杯却因为几乎每天都清洗，用了很久依然看起来像新的。日清月结的做法，长期坚持需要知行合一。

最近几年，养成了每天记日志的习惯，不管再忙再累，哪怕寥寥数笔，也会简单记上一记。几年下来，笔记一大摞，偶尔有些事情想不起来、记不准确了，翻看一下总能找到记忆。每天工作结束之后，简单地整理下办公桌面，想想这一天做了哪些事，给文档标注上日期，将需要上报的事项备份归档，有利于查漏补缺，明确下一步的努力方向。

很多单位很多部门都有日清月结的好传统。比如有的单位有周例会、月例会制度，有的部门有每日晨会制度，利用每日晨会、周例会、月例会，可以回顾总结前期工作情况，部署下一步工作。尤其是一些业务单位，通过日清月结的工作方式实现了常规工作模式化、动态工作连续化、重点工作反复化，每个人都知道工作重点，知晓每天的任务，清楚工作的进度，统筹协调起来很方便，业务发展中提质增效很容易产生效果。

阳明先生说：“知行二字即是功夫，但有浅深难易之殊耳。”日清月结看似一件小事，却不是随随便便就能够做到的，需要有意识地去想、去做。所谓“修行”，不外乎修正自己的日常习惯，从随手整理到日清月结，从生活中顺势而为到习惯养成，都要遵循知行合一的功夫，这样才能实现以知促行、以行促知、知行一致。

讲好工作故事

参加一个单位的开放日活动，讲解员用几个典型的小故事，形象地解读了单位的主要职能和工作亮点，外行人很容易就能理解，而且印象最深。以讲故事的方式来介绍工作，很值得借鉴、推广。

典型故事、代表性事例是一个单位最好的名片，各行各业都需要故事。故事的内容体现了工作职责，故事的做法体现了工作特点，故事的效果体现了工作价值。小小的故事，融汇了工作的诸多内涵。从某种程度上来讲，一个单位的故事越多，影响力就会越大，宣传效果就会越好。因此，一个单位，在一些重点工作领域，若有想重点推荐、宣传的业务，就必须精心策划，打造品牌亮点，对现有资源进行总结，以提炼出故事素材。用新颖而简洁的形式向社会展示工作内容，让更多的人了解自己的行业对社会的价值贡献，才能赢得更多的认可和赞誉。

要认真做好并善于总结每一项工作。工作做好了才能为讲好工作故事提供更多的素材。回顾总结是素材形成的关键。一个事例胜过一打文件，每一项重要工作任务的完成，并不意味着工作的结束，特别是成功的工作实例，需要及时总结经验，这是进一步提升的重要环节。通过总结，可以不断汲取成功经验，学习工作中的智慧，为个人职业发展、团队共同进步打好基础。近年来，很多部门都在推行典型事例和工作故事，其用意正在于此。每个工作人员都要重视典型事例总结，特别是当时的工作态度、站位的高度、用心的程度、取得的成效，挖掘其中的价值意义。在回顾历程、总结经验的过程中形成故事素材，提高分析思考能力，为下一步的工作提供参考和借鉴，持续提升工作质效。

认真讲好工作故事。在人们习惯于媒体语言信息的当下，讲故事已经成为多数人喜闻乐见的宣传方式。培育典型工作事例，讲好重点工作故事，也是做好工作的需求。在职业生涯中，工作故事不仅是成长的见证，更是经验和智慧的结晶。按照故事的标准干好工作，把工作实例变成一个个的动人故事，不仅能让人知道做了什么，还能让人知道为什么这样做。为工作责任赋予意义，为工作实例赋予活力，为工作人员赋予情感，将工作过程演绎成生动故事，能更好地传递工作成效，带动行业发展。

阳明先生说：“知之真切笃实处即是行，行之明觉精察处即是知。知行功夫本不可离，只为后世学者分作两截用功，失却知行本体，故有合一并进之说。”做好、做精本职工作，讲好工作故事，汲取前行的能量，是知行合一的具体实践。

做成事

凡百事之成也，必在敬之；其败也，必在慢之。

——《荀子·议兵》

勇于事上练

临下班的时候，连续接到几个通知，都涉及近期要尽快办理的事项。想到琐事繁多，杂事不断，感到有点惆怅，今天的工作刚刚完成，明天的任务又排队等候，真是没有一天的放松。转念一想，哪有没事的时候？每个人都是在做事中磨炼自己，在解决难题中丰富自己，进而提升认知、增强能力的。

事上练，是阳明先生提出的道德修养方法。阳明先生在实践中认识到，一味强调静坐养心，会产生各种弊病，容易使人“喜静厌动，流入枯槁之病”。因此，他提倡加强道德修养，必须先在“事上磨炼”，这是知行合一思想的具体应用。其实，事上练就是知行合一。一个人在走向成熟的过程中，事上磨炼必不可少，只有磨到气质诚敬，内化于心，才能真正做到以知促行、知行合一。

有弟子问阳明先生：平时静的时候觉得自己的想法很好，一旦遇到事情，就不是那么回事了，这是什么原因呢？阳明先生回答说：“是徒知静养，而不用克己功夫也。如此，临事便要倾倒。人须在事上磨，方立得住，方能‘静亦定，动亦定’。”后来，阳明先生多次强调这个观点，他说：“人须在事上磨炼，做功夫，乃有益。若只好静，遇事便乱，终无长进。那静时功夫，亦差似收敛，而实放溺也。”阳明先生认为，人只有在事上磨炼才会有所收益。如果只喜欢宁静安逸，而没有经过各种复杂环境的磨炼，遇事就会忙乱，终究不会有所长进。这很有道理，人在实践中，多经过几次磨炼就有了经验，有了经验就有了定力，有了定力才能处变不惊。所谓“纸上得来终觉浅，绝知此事要躬行”，做工作也好，处理问题也好，必须在具体事上去践行，才能验证自己的内心修为和定力，这是提升自己能力的核心要义。

遇到事情有畏难想法，多数是因为经历太少、练习太少，没有解决问题的思路和办法。作家余华说，年轻一辈人里面，有很多优秀者，但很少有能扛得了事的人。仔细想来，如果人生道路上没有困难险阻，那人还有什么可以努力的呢?！其实，世上无难事，只要不断有意识地刻意练习，终究会达到应对自如的境界。心中有事还能装作若无其事是阅历，心中有事真能若无其事才是格局。

面对大事，能够沉着以对，冷静处理，才能积淀厚重的成长阅历。这一切都需要不断地去实践和练习。

工作中的事上练，就是在条件允许的情况下，做没干过或少有机会干的事情，到没有经历过的领域去尝试，丰富自己的经验、阅历。比如，现在很多人没有吃过苦，没有经历过高强度的劳动，没有在基层锻炼过，那就要创造机会，走出温室，到基层一线去历练历练。在急难险重任务中勇挑重担，才能逐渐培养出统筹兼顾的能力、处事不惊的定力，才能趋向古人所说的境界：一操一纵，度越意表，寻常所惊，豪杰所了。

所遇到的每一件困难的事情，都是锻炼自己的机会，这就是事上练。没有在事上练，人就会停留在原地，就进步缓慢。只有不断经事，处事的能力才会越来越强，内心才会越来越强大。很多事情经过了，才觉得不是个事，关键是要相信自己，坚定信心。阳明先生说："如'素富贵，行乎富贵。素患难，行乎患难'，皆是'不器'。此惟养得心体正者能之。"

事上练既是一种方法，又是一种心态。有几位同事，在工作中从来没有说过困难，也没有说过"不会做""完不成"的话，他们遇到在别人看来很难完成的任务时，都会不动声色地先承担下来，接着就想办法去落实。从他们身上，能感受到一种沉着大气的品格，感受到积极做事的心态。他们的这种处事风格，就是最好的事上练的典范，也正是经历了无数次的事上练，才练就了他们处事不惊、沉着冷静的好作风。

事上磨炼，"磨"的是心性，"炼"的是耐力。成长是一个过程，进步需要台阶，经过多种事务的历练，才能逐步适应更加复杂多变的工作要求。

阳明先生说："吾与诸公讲'致知''格物'，日日是此，讲一二十年俱是如此。诸君听吾言实去用功，见吾讲一番，自觉长进一次。否则只作一场话说，虽听之亦何用?"工作是修炼的载体，遇事不推，做事不畏，事上磨炼，不仅是做事的必要心态，也是人生的必经之路。有了在事上磨炼的好心态，就可以正视困难，积极生活，勇敢前行了。

挖掘好潜力

单位举办演讲比赛，两个新入职的同事也报了名，刚开始他们和老员工有一定的差距，后来通过不断练习，一次比一次进步，最后在比赛中竟取得了较好的成绩。看着他们的变化，不由得感慨，如果他们不大胆尝试，真不知道他们还有这方面的潜力。

每个人身上都蕴藏着巨大的潜能，挖掘一下才能激发出来。当机会来临时，即使不是自己原本熟悉或擅长的，也不妨勇敢地站出来去尝试尝试，试一下才能知道能不能做好，甚至多试几次才能知道有没有可能做好。每一次机会都是挖掘自己潜能的时机，抓住就不轻言放弃，因为机会稍纵即逝，失去了也许再也不会遇到。萧红在《爱自己，一切都是自由的》里说，人生激越之处，在于永不停息地向前。挖掘自己的潜力，也是人生价值所在。

网络上报道这样一个事迹：有一名宿管阿姨，年近50岁考上文学院的研究生，被网民广为称赞。考研过程中，她遇到的最大障碍是记忆力差，记不住英语单词。为了突破这个难题，她付出很多努力，一遍遍重复，不气馁不放弃，连续800多天背单词，不敢有丝毫懈怠。最终，她的英语成绩成功过线。“圆梦的道路无论多艰险，路的尽头一定是梦圆”，这句座右铭终于让她梦想成真。

作为普通人，平凡是常态，平庸是例外，成长不到想要的样子，多数不是因为能力不够，也不是因为环境限制，很大程度上是由于被惰性压制。没有逼自己全身心地付出一次，怎么能发挥出实力？潜力无限，需要不断去挖潜，只有超越了原来的自己，才会触摸到自己真正的实力。

工作中也是这样，一个单位，一个人，能够干成什么，干到什么程度，也需要不断探索。这让我不由得想到，从原来的工作平常到多项工作全国知名，是全体同事齐心协力、一步一个脚印地干出来的。身边有同事工作10多年就成长为全国劳动模范，一次次突破个人的能力和专业限制，不懈努力，持续拼搏，一点一点积累，最终实现从量变到质变的转变。俗话说得好，梦想是可以有的，坚定方向不动摇，一步步走下去，就有实现的可能。

有时候，人和人之间的差距只是一点点。人的智力、努力、能力、潜力往往有着微妙的依存关系，比别人多付出一分努力，可能就会发掘出自己更多的潜力、能力。不要总羡慕别人拥有的，每个人都有能力让自己变得更好。

阳明先生说："人若着实用功，随人毁谤，随人欺慢，处处得益，处处是进德之资。若不用功，只是魔也，终被累倒。"人生在世，总有些事情要努力去做，总有些梦想要拼尽全力才能实现。挖掘自己的潜力，找到自己的极限，是值得持续尝试的努力，也是一个人成长进步的必由之路。

小事也要做好

准备会议发言材料，由于时间紧，打印出来后匆忙装订完就交了上去。会议进程中，发现其他人的材料都装订得很规范，唯独自己那一份发言材料装订得不够整齐，看起来不太美观。这样一件小事，让我深有感悟：工作无小事，小事也要做到最好。

平时工作中，需要做的事情很多，有时候小事做不好，不仅影响工作质效，还有可能引发连锁反应，引发大问题。比如倒茶水，本是个平常小事，如果大家都按规范倒在指定的茶叶桶里（有过滤箅子），后续保洁人员就很容易清洗处理。若有人为了少走几步，往洗漱池子里倒，就会经常堵塞下水道，影响大家使用，也给保洁人员增添不必要的麻烦。再如，有人认为上班、开会等迟到早退是件小事，但其实一个人的迟到早退不仅会影响工作效果，还会引起其他人的负面情绪，久而久之，大家相继效仿，本来一个人的行为就会演变成很多人的共性，一个单位就会组织纪律涣散，产生安全等隐患。

很多重要的工作都是由一件件小事组成的，小的工作失误也许难以避免，但如果不把小失误当回事，不及时补救，就有可能影响其他重要环节，造成重大失误，或者延误重要工作。就如医护团队对每一个病人的接诊、检查、记录、报告、诊断、开药、发药、治疗等处置，每一个环节都应严谨细致、精准无误。只有每一个岗位人员都保持高度的责任心和慎独精神，才能确保精准施治、安全有效。对待生命健康，每一件小事都是大事。

一、“慎重则必成，轻发则多败”

小事不可小看。有的小事看起来是小事，其实做起来很复杂，也需要用很多的心思才能做得更好。比如会议服务中的茶水工作，开水准备、茶叶放置、洗茶冲泡、茶杯端放、补水时机等，都有讲究。要想做到适宜适度，需要用心把握。事大事小，看对谁来讲，看从哪个角度看待。俗话说，再小的事对当事人也是大事，再大的事让外人看也是小事。比如一些看起来小的案件，对当事人来说，就是天大的事。特别是涉及当事人人身权益等的事情，差之毫厘谬以千里。任何一个经手的办案人都必须慎而又慎，决不能将其当作小事看待，也绝不能忽视任何一个环节。

二、“行谨则能坚其志，言谨则能崇其德”

人的一生真正遇到的大事并不多，更多的是小事，这些小事年复一年日复一日积累，组成我们多彩的人生。不积跬步，无以至千里。小事成就大事。要成就一番大事业，必须从小事做起。不要小看小事，更不要让小事成为大事，而是要让小事成就大事。

三、“不积跬步，无以至千里；不积小流，无以成江海”

眼高手低是做事的大忌。大事做不来，小事不愿做，是懒人的认识。一些没有技术含量的工作，如值班、出勤、卫生打扫等，虽然是小事小节，却体现了一个人的素养习惯，体现了其对待工作的态度。对小事的工作态度，有时决定了其能否承担更重要的工作任务，能否走到更好的工作岗位。做事有态度，要做就做好，小事立即办，不被小事困扰，才有精力把大事做好。

四、“道虽迩，不行不至；事虽小，不为不成”

工作本就由一件件小事构成，想成就一番大事业，必须从小事做起。有句话说得好：如果不能成就伟大的事业，那么就以最伟大的方式去做渺小的事情。工作、生活中，从擦桌子、叠被子、扫屋子这一点小事做起，坚持一段时间，熟能生巧，这也许就是对匠心最好的诠释，也是很现实的知行合一。

阳明先生说：“若无有物欲牵弊，但循着良知发用流行将去，即无不是道。但在常人多为物欲牵弊，不能循得良知。”按照良知的指引，摆脱外在的羁绊，把一件件小事做好，知行境界就会不断提升，梦想就可能不期而至。

用心去工作

整理文件的时候，偶然发现一份工作交接单，是几年前一位同事留下的，重新看了一遍，深为其认真、负责的工作态度所感动。这是同事考取外地工作岗位后，离职前留下的工作交接单，有将近 10 页纸的内容，每项工作都明确了责任人员、工作要求、工作重点、联系方式等，介绍得清清楚楚，即使时隔多年，仍然能够一目了然，真是非常用心。

工作之道，唯在用心。阳明先生说："人必有痴，而后有成，痴于物，而成于心！"这位同事，在离开单位的时候，还能够坚持把工作交接得这么认真，足见其平时工作上没少下功夫，反映出其优秀的工作品质。优秀是一种习惯，是很让人佩服和值得学习的工作品质。多数人都想干好工作，只有少数人去想如何干好，这就是"知"和"行"不在一起，没有真正"知"，也就无法"行"。"未有知而不行者，知而不行只是未知。"能不能做到知行合一，在于用心多少。

用心是一种习惯，更是一种能力。多想一层，多做一步，往往是最终胜出、成就目标的关键。大家都懂得这个道理，可真正能做到的寥寥无几。人都是怕麻烦的，思想上是如此，行动上更是这样，只因这样做需要消耗能量，需要走出舒适区，需要克服一贯的惰性。转过来想想，也正因为大家都有惰性，多想一点，多做一步，才更有价值。

用心是对事业负责的态度，只有用心，才能及时发现工作中的问题，及时找到解决的办法，保证目标顺利地如期完成。只有用心了，才能把工作的部署具体化，才能提出切实可行的思路、措施，才能把工作做得具体、到位。现代科学研究表明，用心和用脑不同，用心是整个身心地参与，调动的是整个知觉，用脑只是头脑参与。功夫下在哪里，就会在哪里收获，心用在什么地方，就会在什么地方丰收。只有在工作上用心学习，用心去工作，才能把工作做到最好。

工作效果是衡量用心程度的现实标准。一直强调的"执行无借口，落实要到位"，就是来源于用心工作和落实效果的辩证关系。肯动脑筋、肯想问题的人越多，对我们的事业就越有利。工作需要用心，任何一个单位的发展、工作的进步，都离不开肯动脑筋、勇于开拓的人。

现在是一个拼智慧、拼能力、拼实干的时代，如果思想总处于休眠状态，就会被远远地抛在后面。日常工作中，最放心的是用心，最怕的是找借口。一个人借口找多了，借口就会成为习惯，就会蚕食工作的热情和责任感；一个集体找借口的人多了，就会成为一种风气，就会影响集体的凝聚力和战斗力。借口会毁掉一个人的前途，也会扼杀一个集体的活力。

阳明先生说："思是良知之发用……盖思之是非邪正，良知无有不自知者。"所谓"用心"，其实就是品德在职业中的体现。一名工作人员，要在提高工作品质和道德修养上下功夫，就要用心去工作。

竞争关键在自己

经常和朋友、同事交流有关公考的话题。当前就业压力较大，竞争越来越激烈，一个岗位就有几十上百人甚至上千人报考，通过的概率很低。看着考生们压力山大的样子，为当前各行各业越来越激烈的竞争而感慨。

表面上看，竞争是人跟人之间的优胜劣汰，其实很多时候最大的竞争对手是自己。真正厉害的人，不是去跟别人比较，而是寻找自己独特的定位，找到真正属于自己确定的东西，然后在自己确定的方向上努力做到极致。

每个人都是独一无二的个体，需要明确的是，只有找到适合自己的方式，才能做最好的自己。所以说，一个人只有了解到自己的优势是什么，才能知道怎样做好自己。

就拿考选这件事来说，表面上看是和他人的分数竞争，实际上是自我竞争。我们无法预测别人考多少分，只能要求自己考多少分，如果能把分数达到能力范围内的最高水平，那么就完成了和自己的竞争，至于能否被录取，那就是机遇的问题了。所以考试最需要提升的就是自己的优势，最需要克服的就是自己的短板。要想提高分数，就要分析自己的长处是什么，短处是什么，在学习的时候扬长避短，力求在考试中拿到自己的最好成绩。测试自己到底能考多少分，以此为依据选择自己要报考的单位和职位，更好地定位，才能更接近自己的目标。

工作中也是这样，经常要面对各种各样的竞争。要想提升竞争力，首先要对自己有较为清晰的认知和定位，认清自己的定位才能找到适合自己的工作，找到适合自己的岗位。定位解决后，还需要调整自己，既要适应岗位需求，还要持续学习。每个人内心都有一个低层次的自我和高层次的自我。低层次的自我喜欢依照本能行事，如喜欢待在舒适区、保持惰性等，高层次的自我更有思考力、更自律，有梦想与追求，想要追求更好的自己。两个自我随时随地都在争夺着对“自己”的控制权。所以想要提升自己，就需要高层次的自我战胜低层次的自我，从而适应各种发展的需要，充分调动、发挥自己的能动性，主动去适应各种竞争。

职场是一个实现自我价值的地方，需要在不断适应中达到平衡，实现自我超越。心理学认为，每个人都可能既有成长思维又有固定思维。比如有人在学习方面，会用成长思维对待自己，而在某些领域，比如自己的弱势领域，却用固定思维要求自己。成长的过程就是不断调整认知，打破自己的偏见，让自己看到更高的天空，走向更远的地方。人最大的财富也在自己身上，正如阳明先生在龙场悟道时所说："圣人之道，吾性自足，向之求理于事物者误也。"每个人本身都具有先天的能力，成长是一辈子的事，做好自己，丰富自己的内在，就有了做好事情的能力。

每个人都可以通过努力在自己原来不擅长的领域做得更好。我们要始终坚信，有些事情不会，只是可能没有找到方法，或者是内在的恐惧阻止了探索的脚步。如果能放下抵触或消极情绪，假以时日，我们就一定能够做好原本认为做不到的事。

阳明先生说："予惟天下之事，其得之也不难，则其失之也必易；其积之也不久，则其发之也必不宏。"每个人最大的对手就是自己，内圣才能外王。实现心中期盼的目标，就要积极做好准备，强大自己的实力，在求知与前行中不断提升自己的竞争力。

坚持做好一件事

在网上看到一段视频，一个人介绍自己坚持跑步了几十年，并且很感慨地说，能不能做好一件事关键是看能不能始终如一地坚持。

坚持的意义非比寻常，古人说“行百里者半九十”，事因难能，所以可贵，很多事情都贵在坚持，这个认知被广泛认可。也有人认为，天赋、才华、教育等都只是个别人的成功模式，唯有坚持自己可以主动实施，普通人之间的差距就在于是否能坚持。周围也有不少坚持的榜样，有的人坚持游泳，有的人坚持打球，也有的人多年坚守在一个岗位上，只要坚持，就会有不同程度的收获。

做事情只有持之以恒，才能有一定的效果。古人说：“虽有天下易生之物也，一日暴之，十日寒之，未有能生者也。”即使是自然界容易生长的生物，如果只让阳光照射一天，却让它寒冻十天，也没有能存活的。做事也是这样，三天打鱼两天晒网，高兴了干点，不高兴就不干，没有恒心，不能坚持，即使简单的事也很难做成、做好。有时细想，龟兔赛跑的寓言在现实中真可能发生。

做好一件事可能需要很多条件，但坚持无疑是其中一个很重要的条件，也是通往成功最直接的路径。正所谓大道至简，大道也至难，做到坚持并不容易，需要知行并重，这样才能有效推动事情不断向前发展。阳明先生说“绝学之余，求道者少；一齐众楚，最易摇夺”，大概意思是大部分人学习都是为了追求功名，当一个人有上进心，想更进一步，但是周围的人都是不爱学习、急功近利的人时，这个人也会被旁边的人所影响。因此，深刻理解坚持的意义，做到知行合一，是职场人必须修炼的课题。

一、相信坚持的力量

坚持是一种无形的量变，初期可能看不出效果，只有达到一定的积累效果才会显现。就如烧水的过程，平常情况下，水到100℃才会开，99℃也不行。做事情也类似，达到一定的度，有了一定的积累，才能完成转化，量变积累到一定程度才能实现质变。没有达到质变之前，需要持续不断地努力，差一点也不行。工作、生活中，往往不知道什么时候才会质变，这非常考验人的耐心和毅力。只有从内心里相信坚持的力量，只有持续给力，才能看到力量的爆发，最终得到坚持的效果。

二、找到坚持的理由

坚持是一种选择，选择需要动机，要有自己适合的理由，为自己的努力打下基础。事情开始前，很少能知道将来能达到什么程度，没有人能一眼就看到结果，而看不到结果就容易放弃，所以选定了事项，必须找一个让自己信服的、感觉值得去坚持的理由。做一个重要的决策前，需要明确自己为什么要做，做的目的是什么，这样才能从内心深处真正确立做事的决心。只有真心想做，才能长久坚持，知行并举。工作和生活中的很多关键选择，都可能是无法撤销的，向前走，别后悔，就是最好的方向。人生总得有引以为豪的事情，这也许是坚持最现实的理由。

三、做好坚持的保障

“工欲善其事，必先利其器。”坚持最重要的是开始之后不再停止，一直坚持下去，这需要一定的外部条件作支撑。比如想坚持游泳锻炼，可以在一段时间后增加新的设备，为自己选择更合适的工具，增加新鲜感、满足感和体验感。通过一定的外部条件，不断增加一些助力，用新鲜感克服可能出现的惰性，为继续坚持创造条件。要想长久地做好一件事，就要在做好基础性工作的同时，从容易实现的小目标做起，为坚持下去扫清困难和阻力。

四、体会坚持的快乐

兴趣中的乐趣是坚持最好的助力。任何事情坚持下来，是因为能够从中获益，进而产生多巴胺或者内啡肽让自己体验到快乐。坚持是一种体验，在坚持的过程中可以体会快乐。正如一位古籍修复师的体会：坚持才能热爱，热爱才能更坚持。比如要做好一项长远的工作，就要找到其中的价值、意义，把它当作前进的推动力，在过程中不断感受变化的效果。每天提升一点点，为自己的坚持创造乐趣，从中汲取新的收获。很多的坚持都是源于热爱，有可见的成效，才能够持续获得坚持的动力。

阳明先生说："夫志，气之帅也，人之命也，木之根也，水之源也。"志向是做好一切事情的根本，找到内在的力量，坚持做好每一件事，可以带给人很多非凡的意义。

发挥好优势

单位组织竞争上岗，有个同事以绝对的优势赢得了意向的职位。看起来轻而易举的成功，其实源于同事独有的竞争力：一方面是专业对口，对本职工作了如指掌；另一方面是一直以来工作踏实认真，领导肯定，同事信服，有着很好的口碑，自然就具备了很大的竞争优势。

工作中提升、进步的机会并不是很多，遇到了，要想及时把握住，首先得具备在人群中突显出来的优势。所谓运气，其实就是自己的特长和努力碰到了机遇。

一个人要想在一项工作或某个领域中具备竞争力，最好能先找到自己的优势或兴趣。把优势或兴趣培养成自己的强项，强到不可或缺、别人难以企及，就具备了一定的竞争优势。很多时候这种优势或兴趣并不是那么明显，这时候就需要多下一点守恒功夫，在某个方向或领域持之以恒地努力。在守恒中找到优势所在，在优势领域里找到兴趣所在，持之以恒，专注守恒，才能逐步由熟知培养成真知、由真知培养成优势、强项。

人生路上有很多的选择关口，兴趣爱好也相似，不坚守就可能走向不同的发展方向。有个经常联系的校友，因单位改革、职能调整，他先后在多个不同的部门岗位上待过，在经历了几次选择之后，他最终留在了自己熟悉的业务部门，工作起来得心应手，现在也小有成绩。他经常感慨，回头想想，最大的幸运，莫过于坚守初衷，选择了自己擅长的专业领域。工作中，往往是那个把主要精力放在擅长领域的人，发展得最好。

查理·芒格说过，必须弄清楚自己的优势在哪里，必须在自己的能力圈之内竞争。如果想在不擅长的领域中取得成功，那生活可能会过得一团糟。不是每一个人都能找到自己的特长又能幸运地运用。有的人工作多年也不知道自己的喜好或擅长的方向，甚至可能一辈子都不知道自己的长处，或者认为自己根本就没有什么优势。常有人抱怨自己怀才不遇，其实是选错了方向，或者是没有找到适合自己的位置。

一个单位，谁会跳舞，谁会唱歌，谁会打球，大家基本都清楚。像唱歌、跳舞、运动这样外在的特长，很容易被发现，但是一些内在的潜质就不是那么好辨别了。德鲁克认为，找到自己长处的唯一方法就是回馈分析法：每当做出重要决定或采取重要行动时，你都可以事先记录下自己对结果的预期。9～12 个月后，再将实际结果与自己的预期相比较。这个方法可以让我们发现自己的长处，时间长了就能知道哪些事情会抑制自己能力的发挥，哪些事情会帮助自己发挥长处了。

每个人都有自己的优势，有些优势是显性的，如身高、体形、相貌、表达等，但也有不少是隐性的，需要时间来检验，如自信、坚强、认真、包容等。发现自己的优势，发挥好自己的优势，是增强认知的重要内容。如果你还没有发现自己明显的优势，那么就先从手头的事情做起，从踏实做好每一件应该做的事情做起，当把手头的事做成了自己的优势，把优势又做成了强项，那你自然就有了竞争力。

阳明先生说："后儒不明圣学，不知就自己心地良知良能上体认扩充，却去求知其所不知，求能其所不能，一味只是希高慕大，不知自己是桀、纣心地，动辄要做尧、舜事业，如何做得？"优势是自己内心深处的价值，找到自己的价值所在，踏实务实地发挥好自己的价值，是每个人最好的优势，用好这个优势，就是一个人最大的竞争力。

成事是个功夫活

近期看到一些朋友的喜事，有的履任新职，有的通过考选，有的财源拓展……在为他们高兴的同时，也不由得想起了他们的付出，感到他们取得这样的成绩理所应当。有个朋友，参加工作后，不断被提拔重用，进步很快。他是个信念坚定的人，在工作上投入很多，每次谈起工作，他都有不少见解，关键时候，他总是冲在前面。一次为完成应急任务，他连续多天带队昼夜施工，为大家鼓劲加油，最终保证工期按时完成。平时遇到他，也总是感到他精力充沛、精神抖擞，很少有疲惫打怯的时候。即使小有成绩或职务升迁，他依然不改工作干劲和务实作风，始终让人钦佩和信服，从他身上，我感觉到一种精神，一种能够干成事的力量。

人生没有随随便便的成功，想做事、会做事、做成事有着一定的距离，三者中蕴含着不同的功夫。周围的同事、朋友，哪个能干事，谁付出多少，谁能干成事，大家心里都比较清楚。还有个朋友，毕业后自己创业，发展得很好。偶然谈起他的经历，大家才知道能有今天的成绩很不容易。他说自己每做一个项目，都要事先下很大功夫，做很多功课。特别是在行业技术问题上，他每次都得亲自了解相关的数据，有时还需要去查阅大量的资料，以准确掌握其中的核心内容和技术要素，先期的准备工作可谓做透做足。他这种干事的做法，要比平常人多付出很多，因此实现自己目标的可能性要比竞争对手大得多，正因这样人们才看到他发展得顺风顺水。

这两位朋友，他们有共同的特点：有志向，目标清晰，并且愿意付出更多的努力，下了足够的功夫。他们的做法常给我提醒，要想做好事情，下足功夫是最好的选择。《道德经》里说："多易必多难。是以圣人犹难之，故终无难矣。"把事情看得太容易，势必会遭受很多困难，而看重困难，最后就会没有困难。

在成事方面，常人是这样，名人也是如此，都需要下一番功夫。一次参加培训，听老师谈及一个明星的真实经历，很是受教。这个明星一开始没有考上大学，后来通过努力，完成了学业，经历了很多波折、顶住了很大压力、克服了很多困难、付出了很多努力，才取得了现在的成就。我们看到的，仅仅是一个表面、一点现象。俗话说，馒头好吃，硬泥难缠，人前显贵，背后必定受累。名人或明星，他们首先也是普通人，其光鲜的背后，也一定有很多不为人知的艰辛付出。

阳明先生是事上练的倡导者，也是成事的实践者，他在成圣的道路上，经历了很多的磨难，总结出知行合一的哲理。阳明先生认为："一起一伏，一进一退，自是功夫节次。"做人做事之道，立志是起步与方向，勤学是努力和坚持，改过是提升素养之法，责善是相处沟通之要。从想做事，到会做事，到做成事，中间有很多的因素，要付出不少心力。孔子也说："子欲为事，先为人圣。"做事是心理活动的反映，用多少功夫取决于内心的认知。做事先做人，做人是做事的前提和基础，做事的功夫其实就是做人的功夫。

阳明先生说，"'惟一'是'惟精'主意，'惟精'是'惟一'功夫"，心想事成，不是轻轻松松就能得来的，只有专心致志、笃行不怠，才能厚积薄发、成就大事。

把不可能变成可能

朋友是一家公司分管销售的副总，公司制定了三年销售翻番的目标，由于市场环境变化，大家都觉得没有可能实现，朋友早就预料到了困难，带领团队采取了非常措施，终于如期实现了目标。

工作、生活中，觉得不可能做到的事情有很多，有些看似不可能的事情，一旦尝试着去做了，也就有了可能，甚至成了现实。

有这样一个故事：一位下乡同学心怀大志，崇拜哥伦布，以其为偶像，于是给自己起了个高伦布的笔名。高考恢复后，高伦布积极参与，然而因为底子太差，数学竟然考了零分，大家都笑话他。他却无所谓地说："哥伦布也曾被人看作疯子、骗子，结果还不是发现了新大陆？他的伟大就在于把看似不可能变成可能！"此后，高伦布仍然坚持苦读，他不但在口袋里塞满了知识卡片，就连蚊帐里、墙壁上也到处挂着卡片。"虽然底子差，但是如果把整本书都背下来，还怕它不行?! 什么理解不理解，把所有习题都做得烂熟了，还愁不行?!"最终，他顺利通过高考。

这个故事是一个典型的励志范文。其实仔细想来，工作中也有不少这样的例子。早几年，单位在同级中游水平的时候，制订了一个争创先进的目标。刚开始大家都觉得困难重重，因为荣誉少、竞争太激烈，需要付出极大的努力，各方面工作都要达到很高的水准，还得经过多个评审环节，几乎没有什么希望。后来，为了实现这一目标，单位制定了详细的计划，并出台了有力的配套措施。在目标的激励下，全单位各部门齐心协力、各显其能，心往一处想，劲往一处使，短短几年，各项工作都取得了全方位提升，取得了很多的显著成绩，如期实现了既定的创先目标。

从不可能到可能，以至于实现目标，看起来有千里之远，有时却是一步之隔，这个距离是人心的距离，信心有了，措施实了，千里之远，就是一步之隔。《中庸》里说："人一能之己百之，人十能之己千之，果能此道矣，虽愚必明，虽柔必强。"任何功夫和学问，即使是愚钝和柔弱之人，都可以通过成倍于别人的努力而获得。年轻人精力旺盛，体力充沛，正处于人生的黄金时期，努力后收获会更多，只要努力，就有着无限的可能。

把不可能的事情变为可能，需要付出努力，需要精心谋划，更需要持续坚持。任何事情本来就没有什么可能不可能，只是人付出有多有少罢了。简单的事情，往往可以立即判断出可能不可能，而一些困难的事情，若看不到希望，往往就会说不可能，这其实是被私心蒙蔽了，因为只要锁定目标、制订计划、落实措施，积极调动克服困难的主观能动性，不可能也会变成可能。

阳明先生说："心即理也。天下又有心外之事、心外之理乎？"心是理的主宰，最好的努力在心里。想要做好一件事，总能找到适合的办法。工作中，树立坚定的信念和勇气，久久为功，善始善终，把工作做到位、做扎实，就会把看似不可能的事情变为可能。

向着专业去努力

还有几年就要退休，同学却去参加了全科医师培训，学起了全科医学知识。这位同学一直从事的是专科医学，现在突然转向全科，让人一时难以理解。听他讲解才明白，原来学习全科是为了更好地从事专科，为做精、做专打好基础。

复合型人才观认为，复合型人才在一个岗位上能够做好，也可以胜任其他岗位，因此，复合型人才是人才培养的重点。比如综合服务岗位，今年可能从事业务性工作，明年可能从事事务性工作，后年可能从事其他工作，这种工作需要多面手，即复合型人才。

专业型人才观认为，社会发展到现阶段，专业化已经是一个大的趋势。人的精力有限，能力也不尽相同，能够在某一个行业某一点做精已不容易，什么都能干的要求对业务人员来讲不现实。比如医学领域，就有一级学科、二级学科、三级学科之分，现在又到了亚专业这个分支，越来越向精准化、精确化方向发展。其他行业也都比过去更加重视专业化。然而，受时间、精力、条件等因素限制，门门精的人毕竟很少，如果一个人什么都能干，那大概只能做粗放型的工作，这与专业化要求相差很远。

这两种观点，多是从具体技术应用的角度来看待专业化，都有其现实的道理。然而，在“广阔”的社会领域，从某个角度认识专业化是无法得到客观答案的，复合型和专业型不是单纯、静止的概念，而是受动态实践因素影响。领域不同，行业不同，需要的人才标准也不同。有的单位侧重专业型人才，有的部门需要复合型人才，同一个单位不同的岗位也需要不同的人才。对于技术研发岗位来说，专业化是促进技术进步的必备条件，但是对于综合服务岗位来说，复合型又是必不可少的能力要求。因此，专业和复合只是一个具体的需求，而不是笼统的要求，只有在具体的岗位上才有一定的实践意义，否则没有可比性。

复合型和专业型如同务虚和务实、宏观和微观的关系，两者相互促进。正如有人所说的一样，复合型是广度，专业型是深度。任何事情都是相对的，都有其适合存在的时间、空间。比如有的岗位适合专业型人才，有的部门需要复合型人才，年轻时需要培养复合能力，年长时就要选取专业方向了，因为人的精力、能力有限，要想产生最大的能量，就需要集中优势，攻其一点，聚焦重点，这也就是所谓的专业化。科技领域，如科研，专业化门类越精越好；社会领域，如法律服务，则其专业化要以复合能力为基础保证。

从一定意义上讲，再专业的岗位都需要复合能力，复合型的岗位也需要专业化精神。任何一项工作都有其专业性，也都需要复合型人才。如医生看病、法官判案，乃至汽车维修保养等，都需要一定的复合能力和专业知识。就像前文提到的那位快退休了又去学全科医学的朋友，与其深入交流才知道，全科医学培养的是辩证思维模式和全科医学的整体观念，能很好地提升专科疾病诊治和鉴别能力、提高诊断精准度，是对专科能力的补充和提升。

复合是专业的基础，专业是复合的延续。复合是指思路、格局，专业是指技术、资源，两者并不矛盾。按照专业化的方向前进，站在复合型的角度思考，或者说初期打好复合能力的基础，后期走专业化发展的道路，这也许才是向着专业去努力的题中应有之义。

专业和复合没有绝对的界限，只有能力的不断延伸。专业并非单一，而是与该专业相关的所有必要知识与能力的集合。如果把复合能力比作一杆枪，那专业就是给这杆枪加了瞄准镜。对于不同的领域来说，复合和专业是相对的，一个部门的专业在另一个部门可能是复合的，一个岗位的复合也许是另一个岗位的专业。而对于同一个领域来说，复合和专业是相互补充、相互补位的。

关于人才的养成，阳明先生说得很实在："立志用功，如种树然……初种根时，只管栽培灌溉，勿作枝想，勿作叶想，勿作花想，勿作实想。悬想何益？但不忘栽培之功，怕没有枝叶花实？"做学问必须有个根本，要从根本上下功夫。就好比种树，空想有什么用？只要不忘记栽培的功夫，还怕没有枝叶和花果？这给人以启示。复合与专业，都只是技术层面的标准，德才兼备，忠诚履职，自强不息，才是成就自己的本质内涵。

工作有智慧

一个来单位短期实习的大学生，自己编辑了一个查询加统计汇总功能的小程序，这个小程序一下子大大提高了工作效率，节约了大量的时间，很受大家欢迎。通过一些日常实践，找到一些提高工作效率的小方法或小技巧，把辛苦的琐碎工作变得更方便、更快捷，是一种智慧的工作方法。

智慧工作的含义比较广泛，其实就是创新工作的延伸。我们在工作中不断创造条件，求新、求快、求省，其实就是一种智慧工作方式。在我们的日常生活中，智慧体现为更好地解决问题的能力。

每一项工作，都有创新的可能性，都有更好的工作措施或办法。只要融入自己的智慧，利用自己的特长，找到工作中潜在的规律和技巧，想办法提高工作效能，这就是智慧工作。

任何领域都有可能创新，变是永远不变的真理。同样的工作，采取的方式方法、服务的途径、切入点不同，产生的效果、质量也是不同的。在工作的过程中花心思，投入精力，开动聪明才智，是提升工作质效的有效办法。一份工作，一份事业，只要用心，就一定能总结出其中的规律，找到其中的窍门，也就有可能做得更好。

每一个领域，都经常出现很多新的工作方法或可以复制的经验。《大学》里说："苟日新，日日新，又日新。"创新无限，智慧无限，任何可以优化流程、提高质效的方法、程序、规范、制度都是创新，都是智慧。把别的单位在别的领域里好的措施和先进的经验因地制宜地率先应用于自己的单位、自己的领域，也是一种创新。

工作的目的，不仅是养家糊口，更多的是实现自身的社会价值，工作中取得成绩，会增强自我肯定和社会认定，我们会从中获取更多的身心愉悦，这种愉悦反过来会调动我们更多的工作热情，而这种工作激情和愉悦的情绪，会产生创新工作的动力，使我们产生工作智慧，提高工作效能，这是一种良性的循环。

创新可以促使一个单位内生动力，也可以增加一个单位、一个科室、一个人的影响力。多数时候，工作创新的过程是很多人不断尝试、不断总结、相互之间协作配合，然后少数人汲取众人智慧并提炼升华、付诸实践的过程。这个过程会让团队凝心聚力，最后的收获会让团队和个人都充满自豪感，进而又催生团队更大的创造力。

阳明先生说："大抵学问功夫只要主意头脑是当。若主意头脑专以致良知为事，则凡多闻多见，莫非致良知之功。"心中常有工作，工作就会出新，常想去改善效能，就能善作善为，创造出工作中的智慧。智慧工作，是工作追求的方向，也需要在学习中不断提升认知。

想方设法干工作

为完成年度任务，单位实行工作推进制度，每月调度管理，对比评价，并通报排名情况，较好地提升了工作质效。大家普遍认为，这项制度抓住了推进工作的着力点，优化了工作流程，在工作落实和考核效果提升方面发挥了很重要的作用。

思路决定出路，方法决定成败。做好工作，努力、勤奋是必要的，科学合理的方式方法也必不可少，甚至至关重要。正所谓“方法得当，事半功倍；方法不当，事倍功半”。关于工作方法，各人有各人的高招，这里也有几点供大家参考。

一、学会思考琢磨

提高执行力的关键，在于找准上级精神、本级决策和部门实际的结合点和切入点。对各项工作要求，要加强学习研究，将之作为思考问题、谋划工作的依据，转化为工作思路和具体措施。这就需要勤琢磨勤思考，做到：事先琢磨，心中有数；事中琢磨，查漏补缺；事后琢磨，全面总结。事先琢磨，是指在工作启动前，就把工作涉及的各个环节和可能遇到的各种问题考虑清楚，在横向上考虑全，在纵向上考虑深，把准备工作做得充分一些，这样才能做到胸有成竹。事中琢磨，是在工作进行时，继续开动脑筋，思考后续工作的细节问题，密切关注工作的最新进展，特别是要经常思考当下的情况跟预想的情况是不是一样，发生了什么变化，对工作会有什么样的影响，应该怎样及时调整计划等。事后琢磨，就是工作完成后，或者是告一段落后，及时进行回顾总结，工作做得好的地方在哪里，不足在哪里，从中总结经验、汲取教训。养成琢磨的习惯，勤思考，勤总结，持续跟进，及时调整，不断完善，确保成效，是做好工作的一个重要方法。

二、善于把握重点

抓重点是推动工作全面落实的关键，特别是在内容繁杂、人少事多的情况下，平均用力是不行的，只有抓住重点，抓住主要矛盾和矛盾的主要方面，才能够带动和促进工作的落实。一般来讲，工作再纷繁复杂，重点总是那么几个，只要给工作排个序，分清哪些是重点，落实起来就有了先后顺序，力量也就更容易集中。工作忙忙碌碌但收效甚微，经常是因为没有把握住全局，没抓住核心要点。能够从纷繁复杂的工作中厘清头绪，牢牢把握住工作重点，避免眉毛胡子一把抓，才能取得事半功倍的效果。对于重点工作，一般需要明确思路、目标，责任要具体到人，要及时跟踪进度，只有这样才能抓出成效。亮点是工作重点之一，工作重点就是出亮点的地方，这就是常说的干工作要干到点子上。在做好重点工作的基础上，创造工作亮点，也是需要特别注重的工作方法。

三、注重统筹兼顾

统筹兼顾是开展工作的根本方法，也是每个工作人员都要学习的工作方法。近年来，是转变观念、提升素质的关键时期，当前队伍建设的力度前所未有。工作任务急难险重，这就需要提高统筹兼顾的能力。在具体工作中，特别是部门负责同志，要学会系统思考，既要从宏观上把握，充分预见各种困难和矛盾，又要善于从微观上落实，掌握工作进度，把握关键环节和时间节点，强化工作目标导向，确保各项工作科学运行、有序开展。

阳明先生说：“古人所以既说一个‘知’，又说一个‘行’者，只为世间有一种人，懵懵懂懂的任意去做，全不解思惟省察，也只是个冥行妄作，所以必说个‘知’，方才‘行’的是；又有一种人，茫茫荡荡悬空去思索，全不肯着实躬行，也只是个揣摩影响，所以必说一个‘行’，方才‘知’得真。”

事业是干出来的，实干苦干是基础，巧干会干是能力。学会用有限的人力、有限的时间，高效完成不断加码的工作任务，需要思考琢磨工作方法，要既能抓住侧重点，又能统筹兼顾，只有学会“弹钢琴”，才能适应工作需求。

从平凡到出色

几个老友一起闲聚，大家回顾过往，不约而同地提到了教育孩子的问题。有人谈起曾国藩家书和其教育理念，大家都很认同。

曾国藩是很多人追崇的偶像，他被誉为“凡人之魂”，原因就在于其做法有普通人可以学习借鉴的地方。曾国藩身上有很多可学之处，特别是他在做人做事方面的认知，有很好的现实指导意义。

一、“人但有恒，事无不成”

据说，曾国藩小时候资质很平庸，相传一天晚上，曾国藩在背书时，一个贼在房梁上想等他睡后偷东西，曾国藩一遍又一遍地背，天快亮了还背不全，那贼终于受不了，对曾国藩说：“我还没见过你这么笨的人呢！我听得都会背了。”后来，曾国藩凭借坚持努力，持续不断地改过自省，终于取得了很高的成就。可见，人只要有恒心、有毅力，坚持不懈地去责善改过，终究能够达到较高的境界。即使达不到最终的目标，也一定会在实现目标路上迈出前进的一大步。做任何事情，只要抱定一个目标，坚持下去，不放弃，就一定能够有所收获。心理学上的“坚信定律”（当对某件事情抱着百分之一万的信心时，它最后就会变成事实）、“期望定律”（当怀着对某件事情非常强烈的期望时，所期望的事物就会出现），都说明了恒心、毅力的重要意义。每个人都有潜在的能量，只是很容易被习惯所“粉饰”，被时光所“迷离”，被惰性所消磨。适当克服一下惰性，坚定追求目标的恒心，就可能达到预期效果。

二、“自立立人，自达达人”

这句话用在当前，具有更现实的意义。处在一个很低的地方，无法引起别人的注意，只有自己达到了一定的高度，才有机会让别人向你看齐。凡事要自己先达到一定的高度，努力到一定的程度，才能有机会带动别人。因此，人需要先自强自立，然后才有能力帮助别人，这是一个非常浅显的道理。无论做什么事情，都要先从自身做起。网络上看到一句话：爱一个人最好的方式，是经营好自己，给对方一个优质的爱人，而不是拼命对一个人好。俗世的感情难免有现实的一面——你有价值，你的付出才有人重视。这与古代仁人的见解一致，“古之至人，先存诸己而后存诸人”“穷则独善其身，达则兼济天下”等说的都是一个道理。帮助别人是有条件的，自己先有能力才有帮助别人的可能性。

三、“终身有乐处，终身有忧处”

古人说“生于忧患，死于安乐”，忧患和安乐是人生的大课题，是一对矛盾的统一体。没有困难险阻就不可能有前进的动力，但是没有乐趣就缺乏前进的动力。人活着是一个感觉的过程，感觉好一切都好，没有来自生活的感觉，人就和动物没什么区别，和草木没什么区别。因此，一个人要实现终极价值，既要有忧患意识，又要感受到人生的乐趣，感觉的过程尤为重要，这样才是完整的人生。作为普通人，不可能像苦行僧一样，终生生活在虚无之中，颠沛流离。没有乐趣的人生是不长久的，只有让乐趣成为人生的常态，人活着才有更多希望。有生活的乐趣，有体验的情感，符合人的本心，这样才符合正常的良知。

在一定时期内，工作基本上是固定的，生活也是有规律的，时间长了，难免会感到乏味。如果感受不到乐趣，没有生活的激情和动力，就容易失去目标和方向。稻盛和夫认为，人生是一个提升心性、磨炼灵魂的过程。今天比昨天做得好，明天又比今天做得好，每一天都付出真挚的努力、不懈的工作、扎实的行动，这样的过程，就能体现人生的目的和价值，这也是对“终身有乐处，终身有忧处”的新的诠释。

普通人也能活出精彩人生，只要坚持不懈、持之以恒，只要自强自立、助人达己，只要辩证对待、品味人生。这样就能促使自己不断前行，让自己的人生更有宽度，做出不普通的成就；让自己生活得有滋有味、有声有色，实现自己的人生目标。成才不仅是知识的转化，还要有内心的强大。这也许就是曾国藩能够给人以学习和借鉴的地方。

阳明先生说：“人须是知学。讲求亦只是涵养，不讲求只是涵养之志不切。”人生其实就是一个涵养德行的过程，我们努力一生可能也无法达到圣贤的认知高度，但是人生的意义正在于不断追求，以圣人之心，做好凡人之事，尽自己的最大努力，成就自己，帮助别人，丰富良知。

心中有数干工作

单位办公网刊登了一则事迹，一位同事从事的工作本来很不起眼，在外人看来业务性不强，是一项辅助性工作，但是这位同事善思考，有钻劲，硬是从中总结出了经验，起到了以文辅政的作用，为领导所重视、同事所信服，真是小切口做出了大成绩。

俗话说，三百六十行，行行出状元。每个单位每份工作都有其不同的要求，只要心中有数，找准规律，准确用力，就会取得不同寻常的效果。工作方式方法各有不同，但是要想做好工作，下面几点要牢记。

一、牢记学习

学习是思想之根、发展之源、竞争之本。很多人都知道学习的重要性，但是下不了苦功夫，做不到知行合一。现在知识、信息日新月异，只有通过不断学习积累知识和能力，才能不断适应新形势、新变化，才能与时俱进。学习是干好工作的基础和前提。学思悟行是终身课题，学习既要随时随地，又要结合实际，打破时间、地点、方式的界限。工作繁忙，生活多变，能静下心来学习确实需要克服很多困难，我们可以从最低目标和最小知识点开始，每天学习一点，每天进步一点，学习自然就会成为习惯。

二、牢记感恩

感恩是优秀的品质，也是成长进步的基石。每个父母都期盼子女在工作上有所成就，每个单位也都希望职工在岗位上做出成绩。感恩的重要意义，在于悦人悦己，与自己和他人内心和谐。在家感恩父母，会更珍惜亲情，家和才能万事兴。在职要感恩组织和同事，与单位领导、同事关系的和谐有益于做好工作。不懂得感恩，常常会对事不知用力、对己不知克制、对物不知珍惜。懂得感恩，学会把镜子转向自己，开放心灵，容人容事，才能安心守分做好本职工作，才能真情实意对待家人，进而以良好的业绩回报家庭、回馈组织。

三、牢记责任

责任意识是一个人的可贵品质。认真做事只能把事情做对，用心做事才能把事情做好。没有勇于担责的心态，不可能有付诸实际的行动，也不会扎实地开展工作。“职务是义务，责任是使命”，责任让人有使命感，有使命感工作起来才有动力、有干劲。牢记责任，履职尽责，从尽力而为到全力以赴，是知行合一的转变。

四、牢记目标

没有目标，工作就没有方向，及时、准确设定目标，才能找到前进的路径，围绕目标规划路线才能确保不迷失方向。工作中只有设定一个又一个的目标，事业才能持续攀升。每个工作人员都要围绕单位目标，制定自己的目标，将目标内化于心，始终围绕目标开展工作，让个人努力与单位发展同向同步，在推动工作进展中实现自身发展。

阳明先生说：“古之君子，洞物情之向背而握其机，察阴阳之消长以乘其运，是以动必有成而吉无不利。”把握好工作原则，明确好着力要点，做到心中有数，是在工作中持续成长的有效途径。

下好基础功夫

单位举办读书交流会，参加的多是年轻人，看到大家读书、学习的热情很高，我很欣慰，也思考、整理了几条对工作、学习的建议，希望能与刚参加工作的年轻人共勉。

一、在提升能力上下功夫

能力提升是个慢功夫，在实践中学习、积累是最有效的办法。只有扑下身子，在具体的工作事务中学习，在干中学，边学边干，才能真正掌握工作岗位需要的知识，才能将书中所学应用于实际工作。只有结合工作中遇到的实际问题，去寻找解决问题的办法，学习解决问题需要的技能、知识，才能做到学习工作化、工作学习化，工作能力才能逐步提升。工作能力是综合性的，既需要岗位的专业技能，又需要很多常识性的实践技能，还有沟通交流、协作配合等能力，都需要从具体的实践中慢慢摸索、慢慢学习提高。只有既做好下慢功夫的思想准备，又有学习钻研的精神，才能掌握到真功夫。

二、在爱岗敬业上下功夫

爱岗敬业是一种觉悟，是一种境界，是工作人员的优秀品德，但并不是每个人都能够重视，很多人需要下功夫培养这种意识。工作之初，要经常思考什么是爱岗敬业，怎么样才能做到爱岗敬业，要保持积极向上的工作热情，自觉地想单位之所想、做工作之所需。爱岗的前提是珍惜自己的工作岗位，要树立干一行爱一行的理念；敬业就是对自己从事的工作有敬畏心，保持严谨、慎独的工作态度。对职场人来讲，爱岗敬业也是需要刻意练习的，是需要下一番功夫来培养的。

三、在团结协作上下功夫

团结就是力量，在职场中团结尤为重要。俗话说，“三个臭皮匠，顶个诸葛亮”“一个好汉三个帮”。个人的力量毕竟是有限的，工作很多时候团队协作才能更好地完成。无论是在哪个部门，哪个岗位，都要把团结协作放在重要的位置，从团结的角度、和谐的角度、有利于工作开展的角度来考虑和处理问题，让自己融入集体，树立集体观。团结越精诚，智慧越涌流；协作越紧密，力量越聚集。做好了团结功夫，也就凝聚了工作的合力和团队的凝聚力，不仅会使工作顺畅、效率加倍，也有助于营造和谐的工作氛围。

四、在实干担当上下功夫

单位需要多种人才，比如说实干型、专家型、创新型、复合型、谋略型等，这些都是工作中需要的。进入职场，要及早为自己定位，不论干哪一行，都要力争成为行家里手。工作中，想法要务实，不管干什么，实干都是基础，功夫到了自然就会有收获。在实干上下功夫，才能学到实打实的真功夫。

五、在纪律作风上下功夫

外在形象是通过每件小事来体现的，稍一松懈，就会出现很多问题。不要以为几次迟到早退别人看不到，实际上周围人看得非常清楚。如果不以为意，时间长了，就会固化为一种作风，一旦养成不良习惯，就会积重难返。好的作风一旦养成，一样会内化为一种内在素质，成为自己的优秀品质。

阳明先生说：“何言之易也！再用功半年看如何？又用功一年看如何？功夫愈久，愈觉不同。此难口说。”立足本职岗位，瞄准工作目标，持之以恒，下好基础功夫，积累好自身实力，就是知行合一。

理解工作的意义

单位组织大型庆典活动，这是一次向社会各界展示形象、提升影响力的好机会，因为要求标准高，又时间紧、任务重，参与的人员都感到责任重大、压力很大。从策划、筹备、排练到具体推进实施，每一个环节大家都全身心投入，紧密协作，最终克服困难，取得了圆满的效果。

很多工作都是这样，认识到其具有的价值和意义，就会很好地调动参与者的主观能动性，创造性地克服困难，解决问题。可见，理解工作的意义很重要。

一、用积极的心态看待工作

工作中所做的每一件事，无论大小，都有它的价值。专业技术性强的工作，大家都认为很有价值。但有些看似务虚的工作，一样有它的重要意义。如各类理论性学习、思想作风教育、上级文件精神解读等，各有各的作用。理论性学习是从思想上武装头脑，是提高认识和统一思想的有力措施。“只要思想不滑坡，办法总比困难多”说的就是人的思想对做事起到的至关重要的作用。理论武装头脑，统一思想认识是做好一切工作的前提，是保证工作方向正确的“定盘针”。用积极的心态看待问题，就能用积极的行动来开展工作，也就能产生积极的落实效果和带动效应。

二、从全局的高度定位工作

一项工作任务，若仅是为了完成而完成，就更容易敷衍应付，如果能有高的站位，站在单位大局和社会全局的角度对待，那效果就会迥然不同。奥地利心理学家弗兰克尔说过，人只有在超越自身时才能够理解自己。人之所以为人，是因为能够超越自身的局限，使自身存在充满意义。就如同单位组织的庆典活动，从单位的大局看，组织庆典活动可以鼓舞士气，凝聚职工向心力，弘扬单位优秀传统，让老职工感受到单位的关怀，让新职工懂得感恩、接续传承。从社会全局来看，其意义在于引领行业正向影响力，倡导正能量，提高社会和群众信誉度。高的站位能让人树立神圣的使命感和社会责任感，不仅自己身心投入度高，也能得到家人的更多支持、团队的更好协作。

三、以发展的眼光看待工作

目光短浅地看待某一项具体工作，只会更多地看到困难和问题，而用发展的眼光看事情，用辩证的思维考虑问题，就能看到不一样的视角，形成不一样的工作态度。比如工作中的“传帮带”，老员工带教新员工，领导带下属，总能看到很多不足，但如果换位思考下，哪一个人不是从不会到会？哪一件事不是熟能生巧？有了发展的眼光，看到下属或年轻员工成长成熟后的成效和意义，带教的过程就不会只觉得辛苦了。行业进步、单位发展，靠的就是一辈辈人的“传帮带”、一代代的推陈出新。

阳明先生说：“大道即人心，万古未尝改。”做好工作需要一定的格局和情怀，赋予每一份具体工作以价值，找到本职工作的意义，对于做好工作有着非常积极的作用。

沉下心来做事

同事去上级单位学习，本来计划去业务部门，结果被临时安排做一些行政事务工作，刚开始同事感觉很失落，但真正沉下心来的时候才发现，这份工作不但能让自己接触到很多在基层单位遇不到的情况，增长见识和经验，而且会学到上级的规范程序和严谨态度。半年的学习期结束后，同事感觉收获远超预期。

同事的这段经历，让人很受启发。俗话说，条条大路通罗马，有些机会看着像机会，其实不一定是，有些看起来是错失机会，其实很可能是更好的机遇，关键是自己如何选择把握。《庄子》云“为人臣子者，固有所不得已。行事之情而忘其身，何暇至于悦生而恶死！夫子其行可矣！”这话有很好的借鉴意义，特别是在无法选择的时候，只有抱着接纳的心态，关注当下，沉下心来做好能做到的事，才有可能把看起来失去的机会转化为另一种机遇。再小的工作都有在技能上提升的空间，任何一件事情都可以做到更好。“只存得此心常见在，便是学。过去未来事，思之何益？徒放心耳！”只有沉下心来做好手头事，心在当下，沉浸其中，才能推动事情向好的方向发展，才能创造出属于自己的好机遇。

还看到过一个故事，与同事的经历相似。有个小伙子，大学毕业后去企业实习，在车间流水线做包装工人。工作看起来单调、机械，但只要稍一松懈，就会出错。他不敢有丝毫懈怠，每天都认真去做，慢慢地就做成了熟练工。抱着这样的工作态度，他先后轮转了多个岗位，每个岗位都努力做到最好。实习期满，他成了技术能手，还如愿被录用。他的心得，就是“沉下心，才做得成事”。成事是从决定去做事的那一刻起持续积累而成的。

生活每天都是新的，我们无法预见下一刻会遇到什么，工作也是如此。正是在每天大大小小的事务中，我们的心智才逐步趋于成熟。“吾儒养心，未尝离却事物，只顺其天则自然，就是功夫。”修身养性不用刻意，只需顺着自然的规律，保持一种自然而然的心态。我们能做的，就是保持顺势而为之心，积极应对已发生的一切，把握住学习、践行的随缘机会，为每一次的不期而遇积累从容应对的能力。遇事随缘随机，做事正心诚意，若能如此，所行之事必有所成。

阳明先生的一生，就是沉下心来做事的最好写照和生动实践。不管是年轻时奉命去修建威宁伯陵墓，还是后来被贬至贵州龙场，阳明先生都选择了安心做好当下事。特别是在被贬至贵州龙场的路上，他屡遭暗杀，险些丧命，写下“险夷原不滞胸中，何异浮云过太空”的诗句，用以明志。到达龙场后，面对恶劣的生存环境，他不仅想办法解决了生存问题，还教化百姓，启发良知，引导向善。同时，坚持追寻圣人之道，悟出了“吾性自足，不假外求”的道理，成就了阳明心学。

践行知行合一，就是不管遇到何种境遇，都能及时“素其位而行，不愿乎其外”，安于当下，沉下心来做好该做的事。

阳明先生说：“盖古人之言，惟示人以所向往而已。若于所示之向往，尚有未明，只归在良知上体会方得。”古圣先贤所讲的道理，只是为我们提供了方向和方法而已。如果不清楚的话，返回到良知上去体会，就慢慢明白了。所谓“诚者自成也”，每件事都是一种历练，沉下心来做事，才能把事做好，才能做成事。

发挥主观能动性

科里组织到社区参加志愿服务活动，事先没有想到安排新闻宣传的任务，等想起安排的时候，发现科里的小李已经提前拟好了文稿，科长非常高兴，专门在会上谈起了主观能动性的问题，大家深受启发。

发挥主观能动性，说起来容易，真正实践起来能做到的却不多。在具体的工作中，一方面，要树立“跳起来摘桃子”的理念，比如可以过几天再办理的事提前办理好，谁都可以做的事主动先站出来做好，比较难办的事情想尽办法办好。另一方面，发挥主观能动性，还得具有一定的预判性，不能盲目，要有的放矢，要接住树上掉下来的桃子，还得盯住桃子往哪里落，对于够不着的桃子，要预测桃子什么时间落，可能落在什么地方，这样才能提前做好接的准备，让“守株待兔”有更大的成功概率。

各行各业工作的种类很多，从难易程度上看，一般有日常工作、创新工作、急难工作、险重工作等。日常工作是基础，需要耐力；创新工作是亮点，需要智力；急难工作是应急，需要魄力；险重工作是考验，需要定力。做好工作，有一些普遍的评价标准，平时工作看出来，关键时候站出来，危难之际豁出去，这些都是说的主观能动方面的内容。任何工作都是考验，都需要能动，都需要真切地去实践，正所谓“夫学、问、思、辨、行皆所以为学，未有学而不行者也”。

主观能动性是工作发展进步的动力，许多单位都提出了能动履职的要求，能动其实就是主动尽职尽力。按照良知去做，知行合一，把应该做的事情做到位，这是判断是否发挥主观能动性的标准。一次，我们几个人承担了单位一项任务，其间投入精力不少，却没有达到预期效果，刚开始大家都觉得自己尽了力，细致回顾、总结分析后才发现，其实大家都没有尽到全力，正是每个人都没有尽到全力，才导致最后的结果不尽如人意。这次剖析，让大家都在一定程度上对主观能动性有了新的认识。

发挥主观能动性，需要有一定的精神境界，要么甘于任劳任怨，要么善于攻坚克难，要么巧于创新亮点，没有更多的捷径可走。奥里森·马登说，如果你想学习知识，就必须付出辛勤的努力；如果你需要食物，就必须亲自劳动；如果你需要快乐，就必须寻找快乐。如果一个人爱自己的工作，那么就会积极主动地工作。实践中也是这样，同样的岗位，有人眼里都是活，天天忙活，有的人不安排就看不到活，总觉得无事可做。这在一定程度上说明，用心对待工作和消极等待工作的区别。

发挥主观能动性，需要有看出来活路的眼力和做好事情的耐力，这两者的结合点在于勤奋。“不惰者，众善之师也。”任何能力都是靠勤奋培养成的，任何伟大的事业都需要用勤奋的汗水浇灌，每一项工作都需要用心去做，用心去做才能眼里有活，用心投入才能有做事情的耐力，成功多是因为我们主观上足够努力。用微雕弥补内卷，用钻研克服躺平，这也许就是主观能动性在现实生活中的积极应用。

主观能动性对于做好工作至关重要。参加工作多年，尽管经历了各种各样的事情，依然会觉得工作中有不少困难，做起事来有时候也力不从心。每个阶段都有要应对的难题，每个人都会遇到必须应对的难题，想着干事，当真干事，才能干成事。

阳明先生说：“尽天下之学，无有不行而可以言学者，则学之始固已即是行矣。”学问不能空谈，须得实践。主观能动性是工作的力量之源，在克服困难中前行，不断积累能力，是知行合一的题中应有之义。

抓好落实环节

年度考核结束后，有个部门考核成绩突出，几项指标都名列前茅，为单位赢得了荣誉。经过了解，得知这个部门围绕考核任务动了不少脑筋，下了很多功夫，特别是在争取加分项目上采取了一系列措施，各项工作因此取得了好成效。

抓好落实是做好工作的关键，正所谓“一分部署，九分落实”。早年看过关于做好工作的三段九环论，觉得很实用。该观点认为，做好一项工作，要经过三个层次：第一个层次是议而能决（知情、分析、选择），第二个层次是决而能行（传达、贯彻、协调），第三个层次是行而能果（突破、配套、补足）。尤其是第三个层次，是保证工作成效的关键，抓好这个层次的三个环节尤为重要。

一、第一个环节是突破

任何一项工作目标，不是马上就能够全面实现的，而是有可能在一点或者几点上取得突破，这就要求抓好一项工作的着力点，把精力用在该用的地方。比如说一个单位每年的工作计划、创新规划，都是由一个个的工作目标组成的，具体实施中，就要考虑先突破什么比较有价值，突破后会带来什么成效，选择好突破点，抓好重点，才能集中力量取得实效。各个突破点上的成果，都是总成果的一部分，都能从中获取经验，给全局以实质性的影响和推动。

二、第二个环节是配套

局部成果、单项突破是不牢固的，也不是工作的全部目的，工作重点突破以后，必须有相应的跟进措施，这就是配套措施。它包含两个方面的含义，一是突破点在自身内容上要有相应的扩展，二是只求突破、抓亮点，没有相应的配套措施，是达不到更好的效果的。只有把相应的配套措施都落实好了，才能形成整体效应，才能扩大工作成效，形成集群效应。

三、第三个环节是补足

补足主要是指创造一切条件，为达到预期的效果，尽最大的努力，就是常说的用心工作，把工作做到位。例如，年初制订总体工作计划后，各个部门都有相应的落实计划，但是最后做出成效的只是一部分。很重要的原因就在于，有的部门没有时刻为最终的结果做准备，没有一以贯之抓落实。做好各项工作，核心是提高学思悟行的能力，根本目的在于推动工作持续发展，只有在工作中经常思考这方面的问题，才能进一步开阔思路、开拓创新。

抓好落实还要把握好机会。古人说：“事之难易，不在大小，务在知时。天不再与，时不久留，能不两工，事在当之。”时机也是方法之一，把握好时机非常重要，能够起到事半功倍的效果。

阳明先生说：“宜及时勉力，毋使过时而徒悔也。”工作是最好的历练，抓好落实每一项任务，做到行而及时、行而能果，确保达到最好的成效，就是最有效的“知行合一”。

如何用好心

参与讨论一项工程设计，听了几个方案后，发现其中一个设计方案很细致，我们想要达到的预期效果几乎都考虑到了，所以大家一致选择了它。后期评价方案时，大家几乎都提到了“用心”二字。

的确是这样，无论做什么，有多少心就能办多少事，用了什么样的心就能得到什么样的结果。

《孟子》里说：“心之官则思，思则得之，不思则不得也。”《心若菩提》一书里也说，做事要用心，有多少心就能办多少事。仔细想来，确实如此，不同的事需要用不同的心，同一件事，花费不同的心思、功夫，最后的效果也不一样。工作中尤其如此，用心做事是职场人应该具备的工作品质，也是工作有成效、个人能进步的基石。

一、用心做事，先要专心

《劝学》里说：“蚓无爪牙之利，筋骨之强，上食埃土，下饮黄泉，用心一也。”蚯蚓没有锐利的爪子和牙齿、强健的筋骨，却能向上吃到泥土，向下喝到土壤里的水，这是由于它用心专一。俗话说干一行爱一行、爱一行专一行，只有专注于本职、专注于当下，不朝三暮四、朝秦暮楚，才能在一个领域里干成熟手、干出精品。有人说，现在的工作事务繁杂，既要求多面还要求专业水准，一个人哪有那么多精力?！这的确是一种现实，但也不是现代社会才有的状况，古人就曾给出解决办法：《大学》里说“知止而后定，定而后能静，静而后能安，安而后能虑，虑而后能得”。凡事有目标、方向，知道应该达到的境界，才能使自己志向坚定。对主责、主业专心致志，集中精力，用心专一，对繁杂事务懂得取舍，才能统筹兼顾、抓住主要矛盾。领会先人教诲的深意，才能专心做事、心无旁骛，才能把事情做好、把主业做精。用心做事，做成事，专心是基础、是前提。

二、用心做事，要有诚心

诚心是一种态度，用诚心诚意的态度做事，才能有最好的结果。诚心才能投入，才能产生更大的主观能动性，才会勤勤恳恳地努力、实实在在地付出。少了功利心，更能全心全意做事，就会更务实。诚心才能诚意，诚意方能诚信，无论是做事还是做人，只要诚心诚信，就能做出实效。内诚于心，方能外信于人。凡事出于真心，念头纯真，做出来的事情才会让人感受到诚意。所谓“用诚心”，实际上是凭良心做事，也就是致良知。只有修一颗纯良之心、诚念之心，才能诚心做事。把诚心做成习惯，就一定能做成事，成为能成事之人。诚心是做人之本，诚心是成事之道，惟天下之至诚，然后能立天下之大本。

三、用心做事，要有细心

细心方能周全、避免疏漏，细心方能全面领会工作目标，从而制订出更切实可行的推进方案，促进目标的快速实现。就像上面工程设计方案的例子，设计人员不仅要有一定的专业水准，还要有做好方案的正心诚意，关键是具备体察用户需求的细心，做出来的方案才能一下子打动人心。做事要有好的愿望，还要有切实有效的方法。做事细心不是单纯的工作方法，是源于内心对工作、对事情的看重，是出于对做事的高标准要求，是由内而外的知行合一。工作中很多失误都是由粗心大意引起的，而很多的扩增效益也是因为做事细心。

有个故事很值得学习：一个米店的伙计不仅主动送货上门，把米送到顾客家里后，还会帮着把陈米和新米区分出来，这样一来，就避免了陈米放久变质，这样的服务既带来了好口碑，也带来了越来越多的稳定客源。表面的周到可以模仿，多数人也都会做，真正的周到却是为对方着想。细心做事一定会在工作中体现出来，给大家不一样的感受，细心做事是工作、生活中难能可贵的品质。

四、用心做事，还需要用很多心

用心做事，还需要用很多心，如爱心、耐心、静心、恒心等。对待老幼残障人群需要有爱心，对待繁杂事项需要有耐心和静心，对待长期任务需要有恒心……生活中还需要有谦和之心、平常之心、忠诚之心、责任之心等。阳明先生说：“心不是一块血肉，凡知觉处便是心。如耳目之知视听，手足之知痛痒，此知觉便是心也。”每种心都有不同的用处，这许多的心组成了一个人的格局，心大心宽格局就大，能够容纳和承受的就多，也就能够做成更多更好的事。

凡事多想一步，多用一点心，再普通的工作、再小的事情也能做到更好，收获更多。做事如做人，看一个人做的事，就能大致看出来他是怎样的人。认真做事只能把事情做对，用心做事才能把事情做好。把工作当作工作，把工作当作事业，把工作当作爱好，会有不同的结果。

阳明先生说："须于心体上用功，凡明不得，行不去，须反在自心上体当，即可通……心体明即是道明。"专心做事、诚心做事、细心做事，说起来容易做起来难。用心做好一件事容易，用心做好每一件事则需要反复强化、不断历练。每日三省吾身，检视做事的专心程度、诚心程度、细心程度，先修己心，后践于行，时常检视己心己行，长期坚持，不断提升，才能做到用心做事、知行合一。

积累好自信

偶然看到一位中学同学的事迹报道，多年未有音讯的他现在竟成了知名医学专家，这让我多少有点意外。因为上学的时候，这个同学常说自己最不想从事的职业就是医生，没想到现在不仅当了医生，还当得出类拔萃。

人的职业观念有时候是会变的，许多人都有相同的体会，以前最不愿意从事的职业，现在反而想去做了。比如说有人上学的时候最不想的是当老师，成年后反而想当老师了，甚至主动想办法转行到教育部门。分析原因，当年不想当老师可能是因为学生时期成绩不是很好，对课程一知半解，学得稀里糊涂的，老师一提问就紧张，所以就认为当老师比较难，或者虽然学习成绩可以，但缺少面对学生的自信，对自己的知识储备不够自信等。

参加工作以后，发现很少有人愿意从事写文字材料的工作，多数人更愿意去干业务工作。还有人甚至宁愿放弃管理职务，也不愿意待在写文字材料的部门。与外地的同行交流工作，大家谈论到这个话题，都认为文秘人才发现难、培养难、使用难。

一个退休多年的长辈，送给我两本他自己出版的书，让我一下子对文字工作有了新的认识。这位前辈早年在单位从事文字材料工作，从最初的文笔生涩，到后来的得心应手，逐渐培养出来对文字材料的自信。再后来就把码字当成了爱好，退休后笔耕不辍，甚至将自己的书稿整理出来出版成书了。

之所以当初害怕文字工作的人成了“作家”，就是在这个领域里成了熟手，有了心得，取得了成绩，也就积累了自信。刚开始时不会写作，不知道如何写作，没有自己的观点和见解，常常是为了应付写作而写作，所以才会害怕写作。通过不懈努力，积累了一个个材料，反复地思考琢磨，阅历趋于丰富，经验趋于丰富，有了自己的思路、认识，也有了大量的素材，所以现在才不担心写材料，反而想主动写一些东西。当老师也一样，曾经有人不敢干不愿干，等有了学识，储备够了知识，有了站在讲台上面对学生的自信，也就愿意尝试去做了。

实际上，这些转变不单纯是观念的转变，更多的是心里有底气了，是已经有了做这些事情的实力。人总是在克服困难中克服自己的弱点，无论做什么，只有熟悉了，心里有底了，才能有自信。那个成为名医的同学，也许就是这个缘故，上学时觉得当医生很难，工作时间长了，干着干着就找到了自信，凭着自信逐渐干出来了名堂。

阳明先生说："人胸中各有个圣人，只自信不及，都自埋倒了。"自信来源于自身，能力来源于实力，观念的转变需要通过一件件事情的成功经验，一点点积累自信，慢慢打开思路、找对方向。

重视是关键

单位中，大家习惯于埋头干活，没有工夫思考怎么撰写稿件，所以理论文章发表这项工作一直落后。去年上级对这项工作实行考核一票否决制，单位没有了任何退路，才不得不将其作为头等大事来抓，采取了制订计划、分配到人、每月调度、纳入绩效考核等具体的措施，这项工作终于有了很大突破。年底总结会上，大家都说，只要真正重视了，原来老大难问题也能解决。

回想过去，面对困难，有些时候光是嘴里说难，但心里没有真正重视，没有拿出实际行动和具体措施，正因为放任，才导致工作平庸、没有成绩。一旦重视起来，方法有了，时间也有了，效果也就显现出来了。可见，重视是做好工作的内在动力。

重视的意义很多人都知道，但是依然有一些事情没有得到重视，所以工作总会有不足之处。为什么不重视？一是可能认知还没有达到一定高度，看不到做这件事的价值，激发不了热情，缺乏做事的原动力，没有主动性，只是被动盲目地去做。二是可能事情和人没有产生关系，“责任之不专，无以连属人心”，没有把事情的结果和人联系在一起，事不关己，高高挂起，责任不明确，奖惩不分明，当然会不重视。真正的重视是责任明确，执行严格，不折不扣。也可能是因为自己有私心，包括懒惰、消极的心，与己无关的心，总之就是没有必须做好的心。于是，就会出现这样的情形：布置一项工作，大家都在口头上说重要，其实心里不觉得重要，没觉得和自己有多少利害关系，提交上来的方案多流于形式，落实起来也是推一推动一动，最后不了了之。

重视是干好一项工作最基本的要求，真正的重视会开动一切脑筋，动用一切资源，协调所有力量，全力以赴地把要做的事情做好。要想做到重视，一是要提升工作的意义，二是要明确工作的责任，三是要减少工作中的私心。这样才能真正地统一思想，让大家都入脑入心，在各自的职责范围内尽力做好。

知之真切笃实处即是行，重视就是知行合一，就是盯住不放、持续跟进。“至诚而不动者，未之有也”。做事诚意为先，重视不重视，不仅能够看出来，也能听出来，其中的关键在于心诚。真正重视了，就会沉下去、细下去、深下去，就会有措施、有落实、有成效。

阳明先生说："大抵吾人为学，紧要大头脑，只是立志。所谓困、忘之病，亦只是志欠真切。"做事最重要的就是坚定志向，志向不真切就难以深入。该做的事情必须仔细衡量，从内心里真正重视，时时想着，用好功夫，身体力行。重视是做好事情的初始。

行是知之成

在本书即将付梓之际，我忽然间萌生了最后加一篇后记的想法，既是对以上体会的补充，也是对“知行合一”的一点学习感悟。

阳明先生提出的“知行合一”，来源于“知至至之，知终终之”，与“上善若水”“学而时习”“止于至善”“龙蛇之变”“允执厥中”一脉相承、意思相通，简要地说，就是在当时的情况下有最适合的言行，把握平衡适度，做事恰到好处。这种大道至简的思维方式，是古代哲学思想的精华，其内涵和价值，对现代人的工作与生活依然具有重要的启示。

阳明先生认为，认知必须通过行动来体现，而行动能够加深对认知的运用。工作中，仅学习理论知识是不够的，必须与实践有机结合，在实践中不断检验认知，从而进一步提升良知、修养。

“知行合一”字面意思简单，真正深入下去却不容易，需要持之以恒的功夫。阳明先生的弟子徐爱曾说：“先生之道，即之若易而仰之愈高，见之若粗而探之愈精，就之若近而造之愈益无穷。十余年来，竟未能窥其藩篱。”意思是说，先生的学说刚接触时好像浅显易懂，但深入思索后又觉得十分高深；表面上看好像很粗疏，但认真探究就会觉得非常精妙；刚刚接近时感觉好像很容易达到，但深入学习就会越发觉得无穷无尽。这些论述，也是后学者对“知行合一”的感受和真实体验。

阳明先生强调的“知”，是经过实践检验后的内在领悟，类似于现代人表达的认知。“知行合一”是道德践行理念，侧重于道德实践和个人修养，也是系统思维模式，这种内外合一的思想，贯通起来很难，不会轻易实现。工作中也是这样，一段时期内，虽然每天的工作内容看似大致相同，但各种情况却又不尽相同，处理起来并不都是那么得心应手，也常感到有压力，时常觉得感悟不到“知行合一”。

本书写作中我做了一些思考，比如题目取为“认知”，内容取为“行”，“想做事”是“怎么才行”，“学做事”是“怎么能行”，“共好事”是“怎么和大家行”，“管好事”是“大家都要行”，“做成事”是“一定要行”。将“知”和“行”合为一体，喻为“知行合一”。

“知行合一”是道德修养与社会责任的统一，践行“知行合一”，要有事上练的勇气。其实，“知”“行”是一回事，“知”就是“行”，“行”就是“知”。“知行合一”要通过行动来巩固、完善。有做事的想法，着手进行一些准备，就是“知行”的开始；认准的事情，踏踏实实去做，遇到困难想办法克服，就是“知行”的检验；通过行动验证“知行”是否一致，不断调整认知和方法，就是“知行”的完善。

“知行合一”是认知和行动的统一，是一个循序渐进的过程，需要在实际中用心感悟，真心去做，诚心践行。当我们在做事中顺乎本心，随机而动，应势以变，就会发现真实的自己，相信本来的自己，成为想要的自己，达到随处致良知的心流状态，自信、自然地发挥出才能，展示出人生的价值。

“行”是“知”之成，“知”在“行”中得。“知行合一”是一种境界、一种思维，保持一直在路上的心态，坚定地去想、去做、去努力践行、去找寻自己内心的光明，在发展变化的具体事务中坚守信念，境随心转，这就是工作中的“知行合一”。